ラジオを止めるな！

ナビゲーター　遠藤麻理

遠藤麻理です。


みなさん、こんにちは！

そういえば昔からそうだったなぁと最近思うんです。

例えば恋人から一方的に別れを告げられた時「やだ！」「なんで！」と相手を問い詰め、責め立て、しつこく電話をかけ続けたり、ベランダをよじ登ったりしました。

その行為によって物事を好転させたいというよりも…そもそも好転させたかったらよじ登りませんよね…自分が納得できなければ次には進めないのでケジメをつけるためにするのです。

一方的に別れを告げられたといえば、去年の春でした。

別れの予感などみじんも感じていなかったある日「3ケ月後に僕たちは終わるよ」と告げられました。泣いてもわめいても、床に転がってジタバタしてもその決定事項は変わることはなく、あっという間に3ケ月は過ぎていき泣く泣くお別れとなってしまいました。

それがFM PORTの閉局でした。

でも先ほどもお話しした通り、私は自分の中できちんとケジメをつけないと前に進めないタイプです。「はい、分かりました！楽しかったです。思い出をありがとう」などと言って手を振る聞き分けのいい女ではないのです。

この本の制作が決まったのは、これまでの2作のエッセイ本『自望自棄』『自業自毒』に続く3作目の制作会議の席でした。

「次はやっぱり『自画自賛』かな〜」などと和気あいあいと話し合いが進む中それまで黙っていた私は突然テーブルを叩いて「FM PORTが、私の中で成仏していません！ラジオに特化した本を出してお焚き上げしたいです！」と叫びました。そうして自動的に、これまでの制作チームのメンバーが私のわがままに巻き込まれてしまいました。

内容について考えるうち、PORTはもちろん、私はラジオが好きなんだということにあらためて気づかされました。それならば今、新潟でラジオを作っている同世代の仲間たちとラジオについて語りたいという思いに至り制作がスタートしました。取材をする中で話を聞きたい方たちは他にもいたのですがスケジュールの都合や新型ウイルス禍での事情により全部は実現しませんでした。しかし協力してくださった皆さんのお蔭で、胸を張ってお届けできるものが出来上がりました！一本のラジオ番組を制作するように心を込めて作りました。

さあ、それではページをめくってラジオを巡る旅に出掛けましょう！

どうぞ最後までよろしくお付き合いください。

STAFF

Editor in Chief/Navigator　遠藤麻理
Art director　吉川賢一郎
Designer　関谷恵理奈
Transcription　Team Chemmy（石坂智恵美・近藤希以子・立川らくまん）
Photographer　渡部佳則（FM PORT「ファインダーの向こう側」ナビゲーター）
Rakugaki　どくまんじゅう

ラジオを止めるな！　**2021.02.14（sun）On Air**

Cue Sheet　新潟日報事業社 www.nnj-net.co.jp / TEL：025-383-8020

近藤丈靖 KONDO TAKEYASU
×
遠藤麻理 ENDO MARI

FM PORT時代は『モーニングゲート』の裏番組だった
近藤さんの『独占！ごきげんアワー』（BSNラジオ）。
PORTが閉局し、8月からは
同番組の午後の時間帯をいただいて
『四畳半スタジオ』（BSNラジオ）がスタートしました。
私自身ずっと、近藤さんと番組の大ファンでしたが、
このような形でご一緒する日がくるとは…
人のご縁とは不思議なものです。

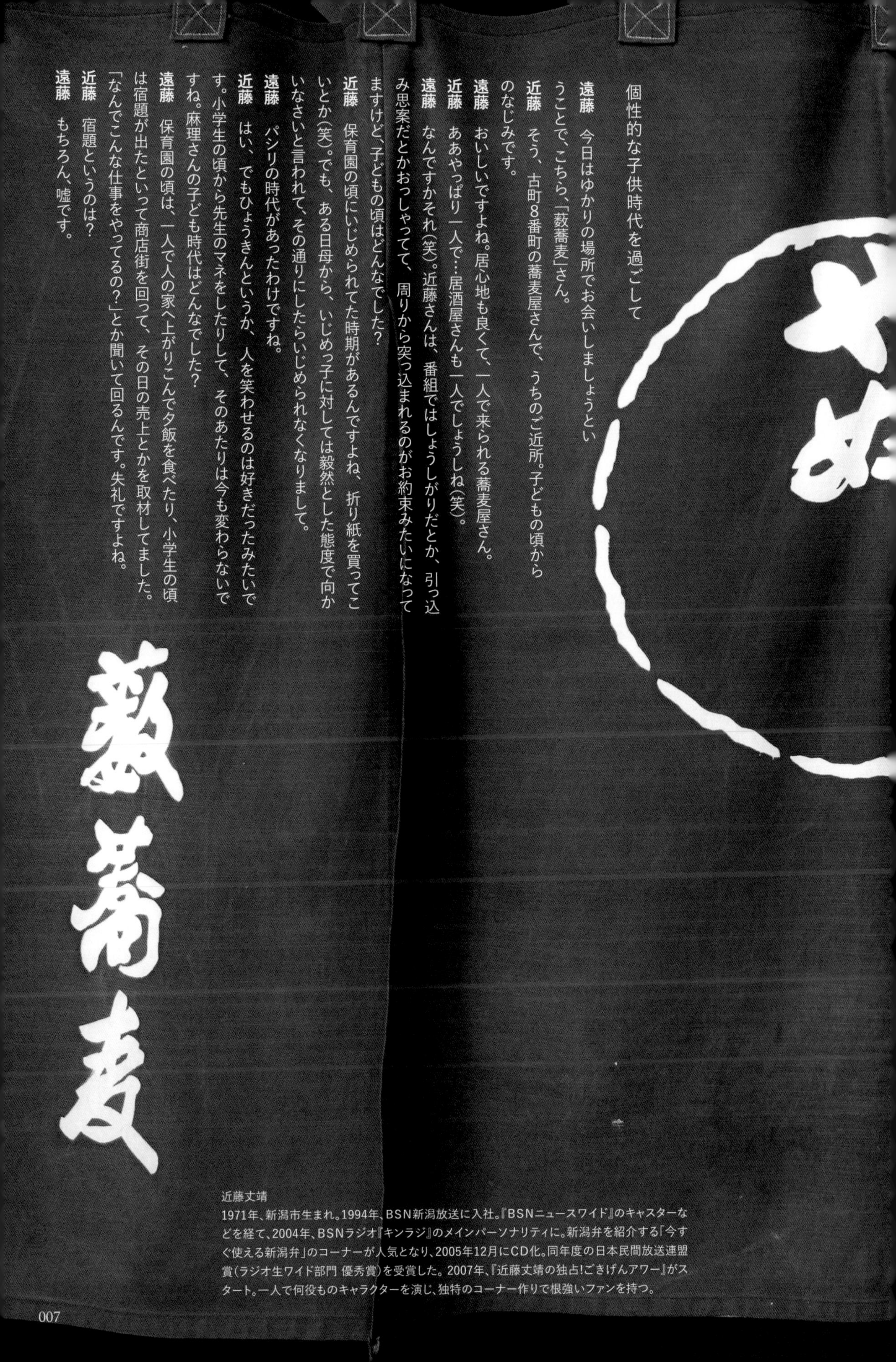

個性的な子供時代を過ごして

遠藤　今日はゆかりの場所でお会いしましょうということで、こちら、「藪蕎麦」さん。

近藤　そう、古町8番町の蕎麦屋さんで、うちのご近所。子どもの頃からのなじみです。

遠藤　おいしいですよね。居心地も良くて、一人で来られる蕎麦屋さん。

近藤　ああやっぱり一人で…居酒屋さんも一人でしょうしね（笑）。

遠藤　なんですかそれ（笑）。近藤さんは、番組ではしょうしがりだとか、引っ込み思案だとかおっしゃってて、周りから突っ込まれるのがお約束みたいになってますけど、子どもの頃はどんなでした？

近藤　保育園の頃にいじめられてた時期があるんですよね、折り紙を買ってこいとか（笑）。でも、ある日母から、いじめっ子に対しては毅然とした態度で向かいなさいと言われて、その通りにしたらいじめられなくなりまして。

遠藤　パシリの時代があったわけですね。

近藤　はい、でもひょうきんというか、人を笑わせるのは好きだったみたいです。小学生の頃から先生のマネをしたりして、そのあたりは今も変わらないですね。麻理さんの子ども時代はどんなでした？

遠藤　保育園の頃は、一人で人の家へ上がりこんで夕飯を食べたり、小学生の頃は宿題が出たといって商店街を回って、その日の売上とかを取材してました。「なんでこんな仕事をやってるの？」とか聞いて回るんです。失礼ですよね。

近藤　宿題というのは？

遠藤　もちろん、嘘です。

近藤文靖
1971年、新潟市生まれ。1994年、BSN新潟放送に入社。『BSNニュースワイド』のキャスターなどを経て、2004年、BSNラジオ『キンラジ』のメインパーソナリティに。新潟弁を紹介する「今すぐ使える新潟弁」のコーナーが人気となり、2005年12月にCD化。同年度の日本民間放送連盟賞（ラジオ生ワイド部門 優秀賞）を受賞した。2007年、『近藤文靖の独占!ごきげんアワー』がスタート。一人で何役ものキャラクターを演じ、独特のコーナー作りで根強いファンを持つ。

近藤　すごいですねぇ。話を聞きに行くっていうのは、人に興味があるってことですよね。

遠藤　そうですね。近藤さんも人に興味がありますよね？

近藤　だからじっと見て、モノマネしたりするんでしょうね。

遠藤　自分にこの職業が向いていると思ったのはいつですか？

近藤　本当に向いているかよく分かりませんが、お恥ずかしい話、やる前ではなくてやってからです。「これがやりたくて頑張ってきた」とかでなく、自然とたどり着いたのが今なんです。

心の拠り所にしてもらえる喜び

遠藤　『独占！ごきげんアワー』（以後 ごきげんアワー）は35歳の時に始められて、今年（2020年）で14年目ですね。

近藤　30代前半でラジオの6時間番組を3年やって、ごきげんアワーにつながっていくんですが、ラジオをやり始めたときの楽しさと今の楽しさはちょっと違いますね。

遠藤　どう違いますか？

近藤　始めた当初はラジオ制作の人数が割と少ないもんだから、テレビと違って気楽な現場で、段取りにも縛られず、自分が好きな曲や企画を取り上げたり、自由にできる面白さがありました。今、番組の年数を重ねて思うのは、ようやくリスナーの人たちにとって自分が特別な存在になり、心の拠り所にしてもらえる喜びですね。それを実感したのは30代後半です。一人の女性リスナーさんから、「励ましてもらってありがとうございます」と涙を浮かべながら言われたことがあるんです。その方は流産をされて「本当につらいことは友達にも身内にも言えず、吐き出せたのは近藤さんの番組だけだった」と、その言葉が強烈に残りましてね。こういう方が他にもいるのかもしれないと思うと、非常にやりがいのある仕事だなと。遅まきながら本当の意味でのラジオの良さを知ったというかね。

遠藤　ラジオでのあり方や、意識していることはありますか？

近藤　発声や滑舌には気を付けていますが、いざ本番になるとあんまり気にしない（笑）。自然に新潟弁でなまるときもあって、普段の喋りと全く変わらないと言われます。

遠藤　それはラジオならではですか？

近藤　そうですね、テレビだと別の鎧を着た状態になって、背筋は伸びるし声もいつもより張って、普段よりお利口さんになったのが分かります。

遠藤　近藤さん担当のニュース番組をよく観ていましたが、失礼ですけど、その時は近藤さんに対して何も感じなかったんです（笑）。でもラジオを聴いた時に、なんて面白い方なんだろうって。それからずっとお会いしたかったんですが、5、6年前、とうとうチャンス到来。新潟競馬場の長い廊下を歩いていると、前から近藤さんがいらっしゃるじゃないですか。もう、壁にハッ!!て背中を付けて、JR東海のクリスマスイブのCMの牧瀬里穂みたいになってました（笑）。ご挨拶しようと思ったんですけど、緊張してダメでしたね。

近藤　そういう緊張が麻理さんにもあるんですね。それ、トキメキですか？

遠藤　トキメキですね。ドキドキしたのなんて、最近じゃ動悸息切れぐらいですよ（笑）。

結婚しないだろうと思っていたら

遠藤　ごきげんアワーはどういう番組ですか？

近藤　新潟を元気にとか、そこまでの大それた思いはあまりなくて。新潟弁だとかモノマネ、くだらない話を通じて、メインパーソナリティ近藤丈靖がわちゃわちゃと、リスナーの皆さんと作っていく番組。麻理さんの番組はどうです？

遠藤　『モーニングゲート』はバカバカしいことを徹底的に本気でやるっていうコンセプトがあって、役に立つよりみんなで笑おうってことでした。それは今の『四畳半スタジオ』でも同じです。

近藤　役に立つ情報を伝えるのは、他の番組に任せて。

遠藤　最初は新聞記事から難しい言葉を取り上げて、意味も分からず原稿読んだりして。格好つけてたんですよね。でも無理でした。やってて面白くないし。

近藤　朝の番組はためになることが必要だから、みたいな。

遠藤　仕事のネタになる話題を提供しなければ、と思っていました。でも考えてみたら会社に行くまでがしんどいわけじゃないですか。特に月曜日とか大雪の日とか。運転してる車の中で一回でも笑えたら「今日も頑張ってみるか」ってなる。そっちでいこうと思ったんですよね。

近藤　リスナー層はどうでしたか？

遠藤　小学生から80代のマダムまで。女性が多かったかもしれません。

近藤　私の番組は男女半々くらい。スタッフには「近藤さんは男性リスナーに強い」と言われます。私もやっていて、同性に好かれないとダメだな、と。麻理さんが成功してるのは女性からも支持を集めているからですよね、その理由はなんだと思います？

遠藤　成功しているかどうかは分かりませんが、ハードな失恋経験などを、そのまま赤裸々に語ると、みんな喜んでくれます。イベントでも「私なんかもっとすごいんです」って、参加者の皆さんと不幸自慢大会になります。

近藤　瀬戸内寂聴さんみたい、駆け込み寺ですね。それはなかなかできないことだと思います。

遠藤　大変おこがましいんですけど私、近藤さんに同じ匂いを感じてたんです（笑）。この方は結婚しないでいくんだろうなって思ってたら、番組で結婚されたことを知り、ええ〜!!って。

近藤　裏切られた感じ？

遠藤　そうですね。

近藤　ファンが陥る近藤ロスみたいな？

遠藤　そういうことじゃないです。

近藤　そういうことじゃないんですね。

遠藤　近藤さんも私と同じで仕事と結婚したんだと思ってたんです。それが一般の方とも結婚されて、これって重婚では（笑）。で、いいですか結婚は。

近藤　私の答えとしては、妻と波長が合ってるから悪くないよと言いますけど、一般的に結婚がいいものとは断定できません。要はAさんとBさんの間の問題ですから。

遠藤　近藤さんがしたって聞いて、私もできるかもなって思いました。

近藤　いや、そうですよ。私みたいなのは絶対、人と同居できないと思ってましたからね。

遠藤　ですよね（笑）。

近藤　異性と二晩、一緒にいたことがないですからね。長くて一晩でした、結婚するまでは。

遠藤　なるほど（笑）。

いざ！　食レポ対決、「わらび餅」

遠藤　近藤さんは食レポ苦手なんですよね。

近藤　はい、本当にダメなんです。

遠藤　私も全くダメなんですけど、ちょっとやってみます？　食レポ対決、お題は「わらび餅」。

（じゃんけんをして、遠藤麻理の勝ち）

遠藤　私、後攻でお願いします。

近藤　じゃあ……いただきます。藪蕎麦さんのわらび餅。お皿に二つ乗っています。ワッ、添えられましたフォークでわらび餅の表面を押してみたところ、弾力がありましてね。押したとたんにふわっと戻ってくるんですね。フォークで半分に切ります。上には黄な粉がかかっています。そして蜜がかかっています。ではいただきます。うーん、ぷるぷるぷるぷる。

遠藤　（笑）。

近藤　わらび餅特有の、このシコシコ、そしてこのツルツルとした歯触りと歯ごたえですね。あっ、ほっぺたが落ちちゃいました（と、落ちたほっぺを拾うしぐさ）。おいしくて、うーん、いくらでもいただけますね。……ほっぺたが落ちちゃうとか、笑いに逃げないとやれない人間なんですよ。以前も『水曜見ナイト』（BSNテレビ）のリポートで、この「ほっぺた落ちた」をやりましたらスタッフたちが、水を打ったように静まりました。

遠藤　（笑）。

近藤　食レポをするタレントさんって、よく次から次へと言えますよね。

遠藤　言えば言うほど嘘っぽくないですか？　おいしいものはおいしいでいいと思うんですよ。でもそれが許されない。

近藤　同感です。じゃあ次、麻理さんどうぞ。

遠藤　これは……こんにゃくのような見た目ですね。黒こんにゃくみたいな見た目ですね、このわらび餅は。おー？　なかなか切れない！　弾力があります。お蜜がかかって黄な粉がかかって、あら、刺せない。すごい弾力。いただきます。うーん……おいしい！

近藤　（笑）。

遠藤　これでいいんです。おいしいの言い方のバリエーションを増やせばいい。

近藤　あと表情ですよね。

遠藤　でもラジオですからね。ディレクターから「全く伝わりません」ってダメ出しばっかりされて。

近藤　遠藤麻理さんにダメ出しなんてあるんですか。

遠藤　近藤さんには出ないんですか。

近藤　いやいやもちろんありますよ。でも私も年齢を重ねて、スタッフが言いにくくなってるのは事実ですね。だから常にびくびくしてます。「本当はいいと思ってないでしょ、あなたたち？」と。自分で100％いいものができてると思ったことはないですしね。

遠藤　謙虚ですねぇ。でも、リスナーが教えてくれません？　面白い時には面白いと言ってくれる。それが一番嬉しいじゃないですか。面白いといえば近藤さんはさまざまなキャラクターをお持ちですよね。
近藤　いろんな場面で必要とされ発明されてきた人物が、そのままレギュラーとしてコーナーを持ってます。
遠藤　もともと、演劇の世界を目指していたんですよね？
近藤　はい、ラジオで見えないのをいいことに、自分と違う人物の声色を演《や》れば、何人もいるように聴こえるだろうと。ローカル放送だと予算がないから安易にゲストも呼びにくいし、呼べないんだったら自分で演っちゃえって。そのほうが面白いかもっていう単純な発想なんです。それに、生身の自分だと言いにくいことも別のキャラのお面をかぶることで言いやすい。何役も大変でしょうって言われますけど、私は結構ラク。近藤丈靖としてステージに上がる時はもじもじするけど、別の人格だと堂々とできるんです。
遠藤　引っ込み思案で人見知りな性格を、助けてくれるのが芸なんですね。

ラジオに見い出された私たち

近藤　麻理さんがラジオに、本当に目覚めた時というのは？
遠藤　モーゲーを始めてしばらく経ってからでしょうか。朝番組のナビゲーターは爽やかでハツラツ、元気いっぱいじゃなきゃいけないってがむしゃらにやってましたけど、やーめた、と。力を抜いたら初めて面白いって思えたし、楽しくなった。恰好つけずに本音で好きなことを喋るほど、リスナーも喜んでくれましたから。
近藤　私の場合、局アナですから、いろんなものに否定的なことを言っちゃいけないって思っていました。開き直れたのは数年前。最近は少々毒づいても、それはそれで面白がってくれる人がいて、これも年の功ですかね。局によっては40歳未満は人間的にまだ薄っぺらだから、ラジオなんてやらせないって所もあるようです。これは逆に、年がいっても使ってもらえるということ。
遠藤　そういう意味でもいいメディアだな〜。
近藤　麻理さんが使われる理由が年がいってるからってことではありませんよ。

遠藤　なんですか、その意味深な発言は（笑）。ところで近藤さんはフリーになろうと思ったことはないんですか？
近藤　27歳の時に、本気で考えました。人事異動で将来、アナウンサーではない部署に行かされる可能性があると聞いて、それは嫌だった。あとアナウンサーにもいろいろあって、ラジオのパーソナリティ、中継のリポーター、ナレーター、スポーツ実況とか、その中で自分のやりたい分野が出てくるわけですよ。そのうちの一つに特化してやっていきたいという思いがありました。身内にも辞めるからと話もしたんですけど、結局残って。留まったからこういう番組と出合い今に至るわけで、辞めなくてよかったと思っています。
遠藤　今後何かやってみたいことはありますか？
近藤　実は学生の頃は、語学を生かして世界で仕事をしたいという夢もあったんです。いつかブラジル新潟県人会やニューヨーク県人会で、放送をしてみたいですねぇ。新潟弁のCDを手土産に、新潟の懐かしい空気をあちらにも届けたいし、世界の空気を新潟にも伝えたいです。
遠藤　お互いアラフィフ。まだまだ人生楽しみですね。
近藤　問題はラジオがなくなっても幸せでいられるかどうかなんです。
遠藤　ああ、確かに！　ということはラジオがあるから私たち、幸せなんですね。
近藤　そうだと思いますよ。大いにラジオに救われているんですよね。

ナビゲーターの仕事道具、ストップウオッチ。
自分だけが使うものだからこそ、そこには個性が色濃く出ます。
名前をつけたりシールを貼ったり。ヒモの処理にもこだわりが。
FM PORTナビゲーターのストップウオッチコレクションです。

◀小山紗季

憧れの象徴だったストップウオッチ。
デビューしてからは肌身離さず持ち歩くほど
神聖な宝物で、デコったりできなかったんですが、
いつの間にか妹がビーズの刺繍を施していました。

佐藤亜紀▶

「芸能上達 うまくなる」と書かれた三重県の
佐瑠女(さるめ)神社のステッカーです。
御祭神の天宇受売命(あめのうずめ)は
芸能の神様として知られています。

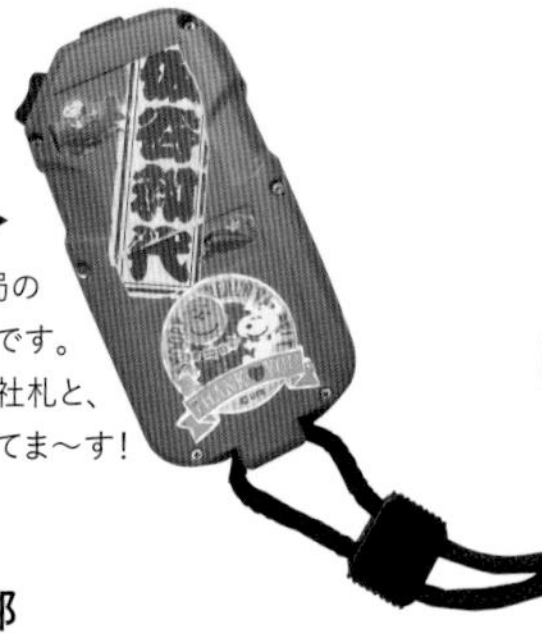

仮谷和代▶

PORTの前に勤めていたテレビ局の
上司から餞別でいただいた大切なお守りです。
リスナーさんがくれた千社札と、
スヌーピーのシールを貼ってま〜す!

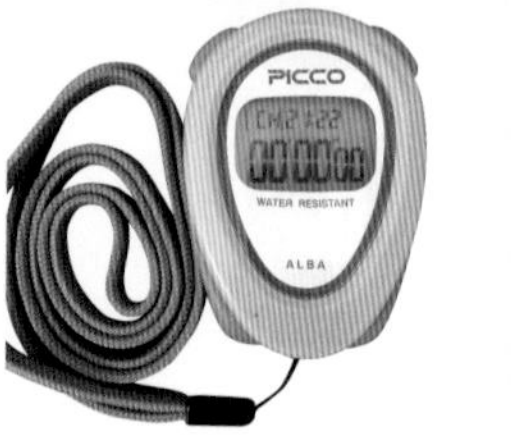

近藤のぞみ▶

私の相棒「ノッチィ」。
のぞみとウオッチを合体
させたネーミングです。
安物だけど電池を交換して
大切に使っています!

▼遠藤洋次郎

かれこれ20年使っています。
隣はケース。ボロボロですが
アディダスです。

小方恵子▼

時々乱暴に扱ってしまったからか、
スタートボタンを押したつもりが
動いていなかったりして……
従順なだけなんですよね、
相棒ですからね!

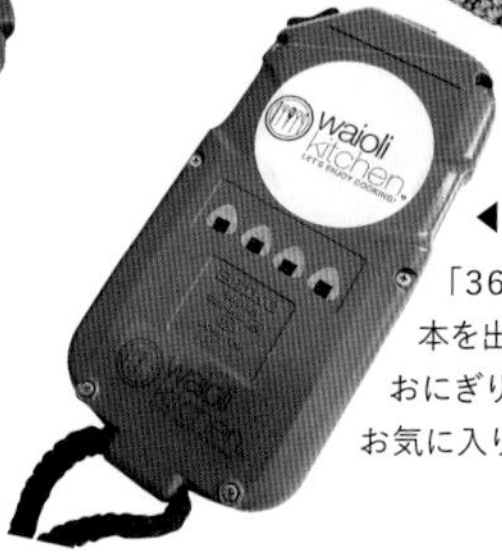

◀佐藤智香子

「365日おにぎりレシピ」の
本を出したからか、
おにぎりシールが集まってきます。
お気に入りです!

▼千葉ひろみ

19 歳の専門学校時代、ラジオ番組制作の授業の時、
先生が連れてきた小学生の娘さんがくれたシールです。
あれから 23 年。なくてはならない相棒でした。

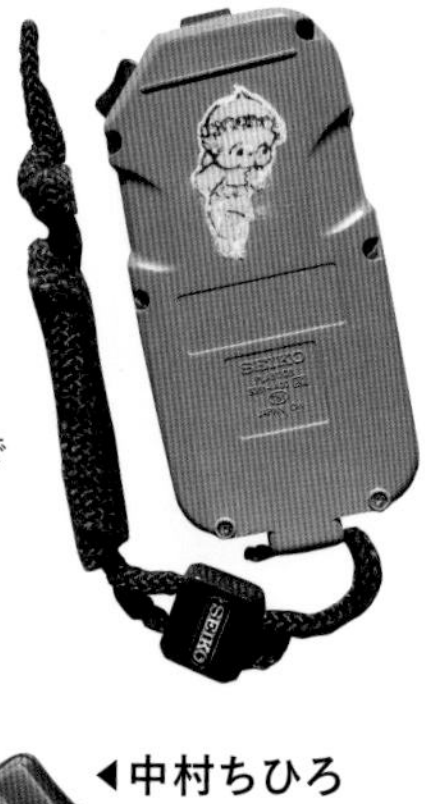

▲松村道子

スマホと同じくらい
絶対になくせないという思いで
名前は大きめに!自分励まし用に
クマのシールを貼ってます。

◀松本愛

電池を変えて
約20年使い続けました。
閉局と同時に捨てようと
思ったけど
捨てられなかった。
なぜなら結構高かったから。

◀磯村康子

新潟市西蒲区巻の鯛車を
取材した時にいただいた
目玉を付けています。
私にとってストップウオッチは、
持っていると安心するお守りです。

◀中村ちひろ

ラジオを通して
リスナーと一緒に過ごせる時間、
思いを伝えられる時間には
いつも「限り」がありました。
だからこそ時間内に伝える「言葉」と
真剣に向き合えたのかもしれません。

ラジオは止まらない！

松本愛

MATSUMOTO AI

共にFM PORTの開局に立ち会い、閉局時には閉局特別番組のナビゲーターを務めました。愚痴をつまみに泥酔したことも幾多。同い年のくせに永遠の17歳とかイタイことを言っているのもまた愛嬌。本好き・猫好き・酒好きで気が合います。

初めて聞く「停波」と捨てられない一枚の紙

―― FM PORTが閉局してから、どうしてた?

松本 らしくないけど、ショックが大きくて何もできなかった。日曜日の夜が来るたびに時計を見ては「7時だ。今ごろ打ち合わせ真っ最中だな」とか「8時だ、オープニングだな」とか。それが嫌で部屋から時計を外しました。

―― それ相当だよね。

松本 日常って毎日、更新されてくわけじゃない。日を追うごとに忘れるんだろうなと思ってたけど、私の場合は次が決まってなくて閉局でパツンと喋ることが切られた。心の持って行き場がなかったのね。

―― 愛ちゃんにとって『ナイトアイ』(FM PORT)はどういう存在だった?

松本 私、人と上手に交流したりコミュニケーション取れないので、例えば「今日こんな面白いことがあった、嬉しいことがあった、腹立つことがあった」としても、それを言う友達もいないし、家族ともうまく話せないし、じゃあどこで自分の思いを言うの?って。それがラジオだったんだよね。マイクの先に、私の与太話を聴いて反応してくれる人たちがいた。だから私にとっては週一回のお楽しみの時間だったんだよ。それが突然、なくなって。リスナーの方々にも、皆さんの日常の一コマを奪っちゃったのかな、ごめんなさいって気持ちはつきまとうよね。

―― 停波って初めて聞く言葉だったよね。

松本 ポカーンだよ。偉い人が停波のお知らせみたいな紙を「こんなことになっ

て」って出してきて、文面読んでも意味分かんない。停波っていうのは何？『ナイトアイ』が終わるということ？違う？　局が？　新潟にある局が全部？　PORTだけ？　ん？（笑）。今でもあの紙取ってあるよ。ずーっと恨み続けてやろうと思って。お父さんの仏壇に供えてあるよ。父さん、どうか呪ってください……って誰を？（笑）。

―　わっかる!!　私もぐっしゃぐしゃにしたんだけど、また皺を伸ばして取ってある（笑）。私にとってもラジオが全てだったから、愛ちゃんの気持ちがよ～く分かる。一緒だよね、気持ちも、そして「47歳」っていう年齢もね。

松本　ふざけんなよ!!　本当、そこは違いますから！

鬼企画を乗り越えつかみ取った冠番組

―　FM PORTでは最初、事務をやってたんだっけ？

松本　そう、開局に向けて一生懸命、偉い人のマグカップ洗ったり、面接の受付をしたり、資料を作ったりしてた。そうしたら東京の制作会社の社長が、全く何の色にも染まってない、経験のないドヘタなのを一人採りたいって言って、マイクの前に連れていかれたの。ところが私、一人喋りが絶望的だったから、「お前、マイクを持って外に出ろ」と。リポーターなら会話の相手がいるから自然に喋れるだろうって始めたら、あんなことに（笑）。

―　夕方の『スタンピングラウンド』（FM PORT）ね。

松本　一日3回登場があって、最後の夜の7時台にはスタジオに人を連れて戻らないといけないっていう、鬼のような企画。その上、なるべく市外に出て行けって言われたんだよね。私、車ないのにどうしたらいいんですかって言ったら社長が、「地下鉄使えば」って。え？　地下鉄？　ねぇよ、そんなもん（笑）。

―　どれくらいやったの？

松本　2年やりました。リポーターってこんなにも大変かと思ったけど、今考えるとあの頃が一番楽しかった。夢中だったしね。

―　『ナイトアイ』はどういういきさつで？

松本　リポーターが終わってまた、彷徨ったんだよ2年くらい。いろんな番組をやっ

松本愛
フリーアナウンサー。11月21日生まれ。2000年FM PORT開局から、2020年6月の閉局まで様々な番組で、リポーター、ナビゲーターを務めた。日曜夜に放送していた『ナイトアイ』は16年間担当。閉局の特番では、遠藤麻理とともにメインナビゲーターを務めた。現在お仕事募集中！

て、そのあと日曜夜の番組を始めようってことでスタートして。週一回なりに思うようにいかないこともあったけど、自分の番組が持ててやっぱり嬉しかったね。

本とラジオと松本愛
自由な世界を求めて

―― お薦めの一冊を紹介する「松本書店」のコーナーはいつから?

松本 私『ナイトアイ』以前に、金曜お昼のワイド番組を数カ月やっていて、その時から「松本書店」はあったの。

―― 結局、今までに何冊紹介したの?

松本 650冊とか。

―― すごいね!

松本 私生活でも本が友達だったから、週一冊の紹介は全然苦じゃなかった。今週はこれにしようとか、いや時期的に再来週かなとか、楽しかったよね。

―― 私の本は読んだ?

松本 ……ごめんね(笑)。

―― 読んでないのかよ。

松本 少しは読ん… えっとぉ、第一の犯人が未亡人で、第二の犯人が豆腐のカドで……。

―― エッセイ本だよ! 本いいよね。愛ちゃんはどんなところが好き?

松本 私、本当に人前が苦手なんですよ。小中学校でも、教科書を朗読させられるのが恥ずかしくて。そんな私の心が唯一、本を読む時には自由になれたし、世界を広げられた。

―― 「愛の保健室」のコーナーも良かったよね。

松本 『ナイトアイ』って基本的に下品で、ちゃんとした人が聴いたら眉をひそめるような番組だったと思うんだけどね。その番組があんなに長く続いたのは新潟青陵大学大学院の碓井(真史)先生が品位を保ってくれたお陰。感謝してもしきれない方の一人だわ。

―― リスナーから悩み相談もきたでしょ。なかなか難しい内容も全部取り上げて答えてたじゃない。あれは覚悟があった?

松本 ないない(笑)。すごく重い悩みでも、基本的には私が思ったことや感じたことを私なりの経験で回答する。そこで最終的に決断して行動するのは相談者さん本人。だから誠意をもって答えれば、結果に対しては無責任でいいんだって思ったの。それから何でも言えるようになった。

―― 自分に嘘をつかないで本当のことを言う、と。

松本 ラジオって音声だけだから、嘘やごまかして伝わるでしょ。私も家で聴いてて、遠藤さんがまたきれい事を言ってるよとか、分かっちゃうから(笑)。

―― 風邪を引いても最初に分かるのってリスナーだものね。

松本 ちょっとした声の調子で、気分の変化に真っ先に気付いてくれるのがリスナーだし、そういう人たちがいなければ続けてこられなかったしね。私、ほかに何やっても使えなかったのよ。社交性も社会性もない、気も利かないし手先も不器用っていう。それが「ああ、私ここにいていいんだな」と初めて思えたのがラジオだったんだよね。これがまたテレビとかだったら映像とかあって。

―― ダメだろうね。

松本 そうね、毎日吐いていたと思う。

夕闇の中、心を解放し
羽ばたく蝶のように

―― ラジオ、またやりたいよね?

【ラジオこぼれ話】

松本：遠藤さんも十分知ってると思うけど、私本当に人前が苦手なんですよ。
今日も写真はなるべく撮らないでくださいって依頼したぐらい。
遠藤：しかも、角度指定まであるからね（笑）。

遠藤：どんな気持ちでリスナーに閉局のこと報告した？
松本：そこだけはおちゃらけちゃいけないなと思って。
つい悲しみをごまかすためにふざけちゃいがちなんだけど、
ここは真剣に話したほうがいいなと思って。真剣に話してお詫びして、
そのあとすぐ切り替えて下ネタに走った。
遠藤：そっか。私もね久しぶりに原稿書いたわ。
「皆さん、おはようございます。　遠藤麻理です」って（笑）。
松本：そっからかい！

遠藤：ただただもう『モーゲー』に必死だったわ。
やりたいことをやらせてもらえたわけじゃん。
だから絶対に期待に応える、応えたいと思って。
合コンもすっぱりやめたしさ（笑）。
松本：そうですよね、開局当初、あなたの手帳、合コンの予定だらけでしたよね。
本当一つも実らなかったけど、かわいそうに。
遠藤：（笑）。これ一本だったわ。『モーゲー』一本。
でも夢中になってさ本気になってやってるとついてきてくれる人とか
認めてくれる人とかもいるんだよね。

遠藤：閉局特番なのに下ネタ三昧だったよね。
やっぱり私たちを組ませちゃいけないんだなって思ったよ。
松本：はいっ？（笑）。遠藤さんがそういうほうに誘導したから。
遠藤：違うわ（笑）。
松本：私はもっとこうしんみりと終わっていくんだと思ったらさ、えっ!?ていう。
遠藤：でもあれでよかったんだなって今は思うわ。
いっぱい笑ってさ。しんみりしなくてジメっとしなかったじゃない。

遠藤：友達として言うけど恥ずかしいからやめなあ。
年が 17 歳とかそういうこと言うの。
松本：私もね『ナイトアイ』なき今、この設定は何なのかと思うよ（笑）。
誰に向けての設定なのかってちょっと思う。

松本：私、何年か前は結婚して子どもができて、
子どもが物心ついたらママがラジオやってたんだって聴かせようと思ってたの。
『フォーシーズンズ』の代打でやったときの録音を撮っておいて。
将来、年老いた時に孫にもね。「おばあちゃんはねって。
あるラジオ局でずっと長い番組をやっていて毎日お料理とか美容とかを
紹介してたんですよ」って言ってやろうかなって。
遠藤：嘘つけ（笑）。
あんたがそういう嘘をつけないようにこの本作ってるからさ（笑）。

松本　うん、ラジオはこっちの姿が見えないぶん気取らなくていいし、それでいてリスナーと近い距離が取れる。私の話を聴いてくれる人がたくさんいる、特別な世界だからね。

――どんな番組がやりたい？

松本　私が燦燦と陽が照っている時間帯の番組、やれると思う？

――それも聴いてみたいわ（笑）。

松本　やっぱり私は夕刻から夜が好きよ。『モーニングゲート』とか『フォーシーズンズ』（FM PORT）とか、朝・昼のピンチヒッターを務めると、お叱りのメールが必ず来たの。「お前なんか夜に閉じこもってろ、夜から出てくんな」って。でも、クレームなんだけどいい言葉だなと思った。夜に閉じこもる蝶。

――蝶!?　蛾だろ。

松本　夜ってある意味、人の心が自由になる空間で、私はそういう中でリスナーとお話ししたり交流するのが一番性にあってるのかなって、ちょっと感じた。

――じゃあ、またやるなら夜。

松本　ラジオがやれるなら朝でも昼でもいいですけどね！（笑）。ここ太文字か赤文字で強調してくださいね！

工藤淳之介

KUDO JUNNOSUKE

初めて会った時、その深くて暗い洞穴のような
瞳に吸い込まれそうになりました。
この人は何か隠している、決して本音を言わない人だと警戒しましたが、
その洞穴をよーく覗き込んでみると、ひたむきに仕事に取り組む、
誠実で優しい一人の青年がいました。
やるからにはとことんやる、と振り切って
何事にも全力で臨む姿はとても眩しく映ります。

人生はネタ？　伝える仕事とは

―― 工藤さんは好奇心旺盛な爽やか好青年に見えますけど、何かを求めているようで何かから逃げてるのかなって（笑）。うがった見方ですけど。

工藤　あーっ、そう来ますか（笑）。そうですね、仕事をしてない時は、何も考えない時間が欲しいかな。それが趣味の卓球だったり山登り、サウナですね。卓球って息抜きにちょうどよくて、早いラリーでポンポンやってる時は無心なんです。山はいろんなことがちっぽけに感じられるというか、空気を思いっきり吸い込んで「また頑張ろう」と思える。お酒を浴びるように飲むとか友達皆でわーっとやるのも好きなんですけど、汗を流して何も考えずにすっきりする、スポーツの存在は大きいなと思います。逆に言うと、それ以外はずっと「次は何を話そう」「こんな企画やったら面白いかな」って考えてる。ネタは急に思い浮かばないので、常にいろんなところに行ったりして、心にアンテナを張っています。

―― 仕事のオンオフは欲しいけど、結局、生活の全てが全部仕事に生かされる、と。

工藤　それって素晴らしい職業だなって思うんです。私たちがやっている〝伝える仕事〟って、山に登ったら週明けで山の話を語れるし、「あ～、山っていいよね」って反応もリスナーからもらえる。常に仕事に追われている気がする一方で、全部が仕事に結びつくって幸せですよね。

―― 工藤さんて素のままのトークですよね。

工藤　局アナがフリートークをすると、どうもかしこまった感じというか、きれいで凡庸な話になりがちですよね。だからラジオを担当した初回の放送で「実は私、離婚してるんですよ」って告白したんです。すると「実は私もしてる」「これから、まだまだいいことありますよ」と続々メールが来た。ラジオって温かいなって実感した瞬間でした。

プライドゼロ、だからやれるコト

―― 番組の中で、たくさんの資格取得に挑戦しているでしょう？

工藤　私は10年以上アナウンサーをやってきましたけど、報道畑だったこともあり、自分の個性を出そうと思ったことは一度もないんです。そういう意味で、自分には何にもない気がして、ラジオで話すことに自信がなかった。資格取得についてはやっぱり、学びの経験が語れることと、自分に少しでも引き出しを持ちたくて企画しました。資格は今、20種類くらい取れていて、それをきっかけにネタを振ってくれる人もいます。普段ちゃらんぽらんな喋りばかりしているから、意外にコツコツ、プライベートな時間も使って真面目にやっているとアピールしたいし（笑）。

―― 現在33歳、何もないことはないでしょう？

工藤　飛び抜けてこれっていうものがない気がして。それはずっと思ってます。いや、あると言えばあるんですよ。ピアノをずっとやっていたとか、テニスも結構それなりにしっかりやっていたので。でも、アナウンサーの試験を目指してるときも思ったんですけど、

工藤淳之介

1987年、新潟県長岡市生まれ、青森県八戸市育ち。2009年～2014年6月まで、岩手めんこいテレビに勤務。報道部に所属し、東日本大震災の取材に関わる。2014年、BSN新潟放送に中途入社。現在、BSNラジオ『3時のカルテット』メインパーソナリティを務めるほか、『なじラテ。』などのテレビ番組にも出演。男性アナウンサーユニット「イケメン四銃士」のリーダーでもある。

本当にとてつもない特技とか個性とかないし、そもそも話が面白いわけでもない。見た目も私より、はるかにかっこいいシュッとした人がいっぱいいて、その中で自分らしさってなんにもないなって気持ちが常にありました。キー局や準キー局の最終試験では何千人と受けて、最後の2人に残っても私じゃない人が受かる。そういうのを5回経験しましたから、プライドってありそうでゼロ。だから力をつけるというより、テレビを観てる人、ラジオを聴いてる人たちに楽しんでもらえる要素を一つでも多く作りたいなって。自信ないんですよ。自信満々風ではあるんですけど。

―― 誠実ですね。

工藤 麻理さァん、離婚後はじめて言われました、その言葉(笑)。

放送局の使命 ―東日本大震災

―― 岩手の放送局には2009年から2014年までいたんですよね?

工藤 そうです。生まれ育った青森か新潟の放送局に就職したかったんですけど募集がなくて、実家の八戸に近い岩手にしました。岩手でもたくさんの経験をさせていただきました。1年目はバラエティー。ロケで温泉に入ってごちそうを食べて毎日楽しかったですね。2年目、23歳で夕方のニュース番組のキャスターを担当しました。そして3月に東日本大震災が起こりました。

―― 当時のこと、お話しいただけますか?

工藤 震災の日、3月11日の14時46分は、取材から戻って会社で原稿を書いていたので、最初の緊急放送を担当しました。その後、現場へ取材に向かいました。夜は大船渡市の避難所でインタビューをしました。普段はテレビカメラとマイクを向けると断られることが多いですが、あの日の夜は誰からも断られませんでした。皆さん涙を流しながら、命からがら避難所にたどり着くまでの話をしてくれました。家族と離れてしまったり、一度は津波にのまれながらも生還された方が何人もいました。私も涙が止まらないまま、順番に何時間もマイクを向けました。翌日も瓦礫の中をクルーと歩きまわり、救出する様子などを取材し続けました。今でもあの日の空や風、塵や砂埃を含んだ空気、瓦礫と泥が混ざったような臭いをはっきりと覚えています。被災された方を報道することについては、常に葛藤がありました。思い出したくもないことを思い出してもらうことに心苦しい気持ちがついてまわりました。それでも答えてくれる人は「誰かのためになれば、世の中のためになれば」と話してくれるので、その思いに応えるため、VTRの編集やスタジオのコメントにも責任を持って全力で伝えました。あの震災は、普通に暮らしていた人の日常を全て変えてしまいました。放送局の仕事はいろいろありますが、一番は「県民の命と財産を守る」ことだと強く思うようになりました。今でもその思いは変わらず、緊急放送の訓練なども続けています。

――仕事への向き合い方も変わったんじゃないですか？

工藤　はい。震災が起こる前は、岩手の局は数年で辞めて中央の大きな局に移ろうかなと考えていたんです。東京志向でした。アナウンサースクールからもそんな話をいただくこともありましたし。でも伝える仕事のやりがいは、局の規模や観ている人の人数ではないと気付きました。どんな場所でも、たとえ観ている人が一人でも、情報を必要としてくれている人がいる限り、自分の仕事にしっかり向き合いたいという気持ちが生まれました。

――これから、どういうパーソナリティになりたいですか？

工藤　ラジオを聴いている方っていうのは、私よりちょっと年上の方も多いんですね。だから背伸びせず何でも教えてくださいという気持ちで臨んでいます。ラジオはまだまだひよっ子だという自覚があって、これは麻理さんの前だから言ってるんじゃなく、心から思ってるんで。このままの自分を見せていきたいですし、リスナーの皆さんに育ててもらいたいです。

――素直すぎて、騙されてるように感じる（笑）。

工藤　いやいや（笑）、誰と話してもこんな感じですよ。

――今後、ラジオでしたいことは？

工藤　私もそうですがみんな何気ない毎日の積み重ねだと思うんです。いろんな勉強したり趣味をしたりしてるけど、年々時間の流れが速くなっている。そんな中でラジオを気分転換で聴いてる人もいれば、毎日の習慣になってる人もいれば、心の拠り所にしてくださってる方もいると思うんです。そういう方々と毎日いろんな話をして、毎日毎日を積み重ねていきたいなって、ただそれだけです。細く長く毎日続けていきたいなって。先輩たちがつないできたことは続けていく一方で、他の番組ではこれまでやってこなかったことにどんどん挑戦していきたいです。

【ラジオこぼれ話】

工藤：最近山にはまってるんで、山の頂上（での撮影）がいいんじゃないかと思ったら、スケジュール的に無理だとのことでしたので。
遠藤：私の体力的にも無理（笑）。
工藤：ということで卓球場を提案したら、麻理さんが稲妻サーブが打てるということだったのでじゃあこちらでということで…。
遠藤：この間もフラれたんでしょ？
工藤：フラれたんじゃないんです。
遠藤：フラれたんだよ。
工藤：いやあれはちがうんです、あの～
（長い沈黙）…フラれたんです。

小野沢裕子

新潟放送界のレジェンド。後輩たちからは「お母さん」と慕われている憧れの大先輩です。「山に囲まれて育ったから、海に憧れがある」という小野沢さん。新潟市中央区の「入船みなとタワー」で待ち合わせましたがいつまでたっても現れません。お電話をしてみると…「山の下みなとタワー」にいらっしゃいました！そんなお茶目な小野沢さん、ますますファンになりました。

小野沢裕子
1957年、南魚沼郡塩沢町（現南魚沼市）生まれ。1980年、BSN新潟放送に入社。『BSNニュースワイド』ほか同社のラジオ・テレビ番組に多数出演。結婚出産を経てフリーに。『小野沢裕子のいきいきワイド』（新潟テレビ21）を1995年から約7年間担当。現在『はや・すた』（BSNラジオ）金曜担当。

メインキャスターは視聴者代表の意識忘れず

―― 小野沢さんといえば、私はやっぱりテレビの『小野沢裕子のいきいきワイド』(NT21・現UX)です。

小野沢　1995年から始まった番組ですね。

―― その頃、私は20代前半で新潟にいたんです。メディアの仕事がしたくてたまらないのに、できていなかったんですよ。そんな時、テレビを観たら真ん中に女性のキャスターがいて、〝小野沢裕子の〟って冠がついた番組を放送している。すごい、時代が変わった!くらいの驚きでした。

小野沢　28歳でBSNを結婚退職して、北海道で子どもを2人生んだあと、新潟に戻ってきたんです。仕事はフリーでやっていて、『いきいきワイド』は37歳でスタートしました。まず、知名度が全くないわけですよ。だから名前を覚えてもらわなきゃってことで、番組タイトルに小野沢裕子の名前を入れたそうです。番組を制作するにあたっては、最初はやはり男性が真ん中に座って、脇に笑い声のかわいい、見た目も麗しい女の子が座っているほうがいいだろうと企画されたんですけど、男性キャスター探しが難航したらしいんです。そこで考え方を切り替えて、メインを女性にしようとなった。ついては結婚していて子どももいて、もしかしたら嫁姑の話もできて、入学式やら卒業式の話もできて、ラジオで話した経験があって、あんまり美人じゃない人がいいって(笑)。

―― そんなこと言われたんですか?

小野沢　美人すぎると反感を買うかもしれないっていうのが当時あって、「美人じゃないのがいいんだよ!」って制作からね、何度も言われました(笑)。

―― ひどい(笑)。しかも何度も!

小野沢　お世辞でいいから、ちょっとは「美人だよ」って言ってもいいん

じゃないのって思ったけど、誰も言ってくれませんでしたねぇ(笑)。あの時、テレビでも番組宣伝が流れて、私が歩いて来て「夕方のテレビが変わります」と言うの。それを見た男性は全員、本当に全員ですよ、「小野沢くん、今度きみがやるのは分かったけど、メインの男性は誰だい?」って聞いてきました。「さて誰なんでしょう」としか言えず、そのままスタートしました。「250万人の新潟県民がメインです」とその時即座に答えたかったなぁ〜(笑)。

―― 多くの女性アナやパーソナリティに、「女性でもメインを張れる」と勇気を与えたと思います。プレッシャーはありましたか?

小野沢 多少は感じていたかな。でも、私は私でしかないと思っていたし、視聴者代表のつもりでいること、一人じゃないとも思っていました。放送一回目、番組が始まってFAXで「楽しみにしていました。頑張って」と届いた時、「観ていてくれる人がいる!」と実感できて嬉しかった。だから終了間際、自然に「ご覧いただきありがとうございました」と心からの言葉が出たんです。CMへ入り、「お疲れ様でした」とお茶の入ったカップを持った時、お茶がこぼれたの。手がガタガタ震えて止まらなくて、歯までカチカチいって驚きました。緊張していたんですね、放送中は感じなかったのに。そういうところ、鈍感なんです。

地球の人の心の根っこに届く放送を

―― 育児や家事もあったでしょう。

小野沢 最初は主人の両親と同居していて、六日町に住んでいたの。

―― え、六日町? 新潟市へ通ってたんですか?

小野沢 そう、新幹線で。それはすごくよかった。新幹線の中で気持ちを切り替えられたんですよね、行きは資料を読んだり、帰りは一人で反省会をする。まあ、ほぼ寝てましたけど(笑)。そういう状況だったので、同居してなければ始めてなかったかな。「いつでも、誰でもできるわけじゃないからやってみれば」って義理の両親と夫が言ってくれたのと、娘が当時小学2年生で、私がテレビを辞めてから生まれた子なので、当然、そういう姿を見たことがないわけですよ。それで娘にどうしようかって相談したら、「やって見せてよ」と。「でもあなたが学校から帰った時にいないんだよ」って言ったら「大丈夫、大丈夫。テレビをつければいるんでしょ」って。それで「やってもいいんだ」と思って。もっとも助けてくれたのは義父や義母でした。

―― 家族の協力や後押しがあって。

小野沢 そうしたら夫がまた転勤になって、家族4人暮らしになったわけですよ。どうしようと思った時に、たまたま大学生になったばかりのお嬢さんと知り合って、その人がベビーシッターをやってくれたんです。彼女がずっとうちの子の面倒をみてくれて、本当に助かりました。

―― 頑張っている女性へ、何かアドバイスはありますか。

小野沢 「私は皆に迷惑かけないようにしよう」じゃなくて、SOSを出してほしい、ということかな。この世に生まれて息をしてたら、すでに誰かに迷惑もかけていますよ。だから「いま大変なの、助けて」って、遠慮せずにどんどん発信していいと思う。私の場合は子どもが小さい頃、裁縫が全然できないので幼稚園バッグに困ったの。だから「私作れない」と周囲に助けを求めたら、じゃあ入園祝いはバッグだねとか、入園祝いはお便り袋だねとか、皆そういうふうに作ってくれて、かえってしっくりくる関係性が築けたのね。

―― 無理はしないってことですね。

小野沢 「助けて」をちゃんと聞いてくれる人はいるし、なんとかなるから。無理しすぎて、自分が身動き取れなくなるともっと大変になるのでね。

―― 今後はラジオで、何かやりたいですか?

小野沢 最近、「消毒液買ってくるよ」が「ショートケーキ買ってくるよ」に聞こえるの(笑)。「いよいよ野球もシーズンですね」が「いよいよ焼き芋シーズンです

ね」に聞こえたりして、自分の中で面白いことが起こっています。人はこれを老化、加齢と言うんでしょうけど、これを楽しみながら、「小野沢さん、そろそろやめて」と声を掛けられるまで続けていきたい。いや、「そろそろどうかな?」と言われたら、「もう少しだめですか?」と一旦は粘るかな(笑)。ラジオは世代も、県も、国さえも超えてボーダーレスになっていると思います。人もさほど違いがないような気がしているので、地球の人の根っこに届くような、気持ちの力になるような番組をやってみたい。番組自体は超ローカルで、タイトルは『あのねあのねのあちこたね』。「あちこたね」は私の生まれ故郷の魚沼弁で、「大丈夫、心配ないよ」の意味ね。

—— 最高齢パーソナリティを目指す小野沢さん、お話を聞いて私も心が楽になりました。

小野沢 「今日はふがふがしてるけど、入れ歯がないのよ〜」とか言いながらね(笑)。それができたらいいですね、麻理さんも付き合ってください、介護者として。

—— もちろん! 私もきっとその頃はふがふがしてるでしょうけれど(笑)。

【ラジオこぼれ話】

遠藤:コンチキショー!と思ったことないですか、これまで。

小野沢:『いきいきワイド』を辞めてから何もしてない時期があって、お茶を飲みに行った時に、後ろから聞こえてきたのが「いきいきワイド終わったよね、離婚したから終わったらしいよ」。私ね離婚説が何回か出てるんです。

遠藤:(笑)。

小野沢:「離婚したから終わったらしい」って言った人がいて、もう一人の人が「いや賞味期限切れじゃないの」って。ひぇ〜ですよ。

遠藤:私だったら振り返って「はい。私が賞味期限切れの遠藤です」って言ってやりますね(笑)。

佐藤智香子

SATO CHIKAKO

FMPORT時代、不機嫌そうな顔とか、
スタッフにつらく当たっているところとか、
絶対見てやろう！と思っていましたが、
それが叶うことはありませんでした。
爽やかで朗らかで、スタッフへの気遣いもでき、
そして毎日化粧をしてくる！ すごいです！
繊細に見えて大胆で、しっかり者に見えて
天然だったりするのも、ちかちゃんの魅力です。

佐藤智香子
1994年、BSN新潟放送のラジオレポーター・スナッピーに就任。『かぎとみ徹のGo!Go!パラダイス』『ハロー!!ジャンボサタデー』などを担当。取材者の立場から食材を見つめ、料理の世界に飛び込む。現在は、料理研究家として料理ショーも多数。著書『365日おにぎりレシピ』（NEWS LINE）。英訳版『ONIGIRI』は2020年春、世界料理本大賞・ライス部門「世界一」受賞。レギュラーに『新潟一番 夕方レシピ』（TeNYテレビ新潟、月曜担当）、『みんなのマルシェ 佐藤智香子10分間のアルデンテ』（BSNラジオ）がある。

閉局で見えた本当にやりたいこと

―― FM PORT閉局って、どんな感じだった？

佐藤 閉局特番が終わって遅くに帰ったら、家族が起きてて「お疲れ様」って。私がFM PORTに携わった17年分の、17本のヒマワリがね、サプライズで用意されててびっくりした。そのあと一人になって、何とも言えない、初めての気持ちが生まれてきてね。翌日からは音を聞きたくなくて、無音の世界に急になった。

―― 泣きました？

佐藤 新番組の宣伝も兼ねて麻理ちゃんの番組に収録で出させてもらったでしょ。その放送を家で聴いて（笑）。『フォーシーズンズ』のテーマ曲使ってくれたじゃない？ 懐かしくて、その時、泣いた。麻理ちゃんは？

―― 私は花束用意されてなかったよ、自宅帰っても（笑）。夜中から飲み始めて、なんか悲しくなっちゃってさ。

佐藤 お酒が入るとね。

―― 閉局間際の雑誌のインタビューでは、私も立石さんも仁さんも気持ちはラジオに向いてたけど、智香ちゃんは一人だけ本当にやりたいことが見えたって言ってたでしょ。それは料理？

佐藤 そうだね。帯番組で8年間。毎日マイクの前にいると、自分の中で本当に放送を続けるのがしんどい時期があったんだよね。ありがたいことに料理のお仕事の幅もどんどん広がっていって、両立している気持ちでいたけれど、キャパを超えてるなって。その時に、どうやってラジオ人生を幕引きしたらいいんだろうって考えたけど、私はラジオ出身で、ずっと放送に携わっていたから辞めるっていえばすぐだけど、本当にやりきったのか、とか迷ってた。そんな中で、停波っていう全く想像しない形の幕引きがあって、終わってこういうふうにやってくるんだ、って。喋り手も作り手も、生放送を運行する以外に取材だったり、スタッフはそこに編集だったり、一人一人の仕事量が多く、止まる暇はなかったから、深く携わっているディレクターやスタッフも、「こうじゃなければ終われなかった」って言っていて、本当にそうだなって思った。

生中継の厳しさを知ったスナッピー時代

――BSNラジオからのスタートだよね。

佐藤　オーディションに合格して、月〜金曜のお昼の帯番組のアシスタントと中継車のリポーター、土曜日も番組リポーターをすることになって、全部生放送。社会人一年目としてはかなり過酷だったよね。番組を担当する前にみっちり研修があって、中継の練習や原稿読みの練習をしたし、自主練として朝刊の「日報抄」を毎日声に出して読んだ。大変だったけどあんなふうに教えてもらえるって後にも先にもないから、良かったなと思う。

――偉いねぇ、私、一回もやったことない、そんな練習。

佐藤　先輩たちがね、街頭インタビューをする時は出張の県外者が多い新潟駅周辺でやれば、割と気軽に応えてくれるよとか裏技をあれこれ伝授してくれたのね。当時は「デンスケ」っていうすごい大きな録音機を持って、自分一人でインタビューするんだけど、なかなか立ち止まってくれないし応えてもらえない。本当に喋るのが怖くなるくらい、うまくいかなかった。それで中継から帰るとその日の反省会が必ずあって、良くなかったところを指摘されるの。その後は、マスター室に行って同録を聴いて一人反省会。聴くとやっぱりダメだなと思うのよ。だからよく機材庫で泣いてたし、技術さんにどうしたらいいか相談してた。

――なんで続けられたと思う？

佐藤　好きなんだよね。ラジオ。その後PORTに行ったら、素人さんもすぐに番組に出てたでしょう。しかもそれが面白くて。これは敵わないって思った。

――いや、この世界、根性が第一でしょう。それをみっちり叩き込まれたんだから。

佐藤　気分はもう、ボロ雑巾だったけどね（笑）。

料理とラジオの親和性を感じて

――本格的に料理を始めるきっかけは？

佐藤　スナッピー時代の中継先で田んぼや畑によく取材に行ってたの。生産現場の取材は楽しかったし、新潟の食の底力に改めて気付かされて、これをおいしく調理したいと思った。ル・コルドン・ブルーというフランスの料理学校の東京校が代官山にあって、そこに行くために一旦、ラジオを辞めた。

――学校ではどんなことを学んだの？

佐藤　レストラン料理だよね。塩やコショウも粒からつぶしてとか、鳥を丸ごと捌くとか。どうも私はきついところに行きがちなんだけど（笑）、東京に一泊二日で行って翌日は新潟でテレビのロケ、翌週はまた一泊二日で東京っていう生活をしてたから、お金もかかったし、体力もね。授業が終わって重い包丁セットにコックコート、作った料理や食材が入った大きなバッグを抱えて、新幹線ホームに走ったよ。夢中だったんだよね。違う料理も知りたくなって和食とか懐石料理、中国料理も興味の赴くままに勉強した。だからって、これで身を立てようとかは思ってなかったけど。

――その後、結婚、出産という女性ならではのライフステージが訪れて、妻に母に、一人何役もでしょう。大変じゃなかった？

佐藤　流れに身を任せていた（笑）。知らない世界がぐるぐるやってきて面白かった。

――料理は視覚的でテレビ向きだと思うんだけど、智香ちゃんはずっとラジオでも料理を積極的にやってるよね。

佐藤　料理って生活に密接していて、すごくパーソナルなもの。ラジオも思えば私的なモノで、例えば会社で流れて大勢で聴くラジオもいいんだけど、私がラジオを聴いて楽しいと思うのは車中とか、喋り手と聴き手が1対1の時。スッと入ってくる。そういう意味では料理と親和性があると感じるんだよね。

――今、肩書を一つ書くとしたら何？

佐藤　料理研究家かなぁ。明けても暮れてもレシピ考えてるの、私。

――今や世界におにぎり・米文化を紹介している智香ちゃんだけどラジオには出続けて、その声を聴かせてほしい。

佐藤　そう言ってくれる人がいて本当にありがたいし、嬉しい。ラジオと料理がつながるなんて、想像もしていなかったからびっくりしている。少し前、おにぎりの仕事でフランスに2週間行った時、現地からの様子をコメント録りして、番組内で流すことがあったの。ホテルの部屋で、一人アイフォン

【ラジオこぼれ話】

遠藤：智香ちゃんが社会人一年目だった時、実はそのころ私たち出会ってるんだよね。

佐藤：BSNラジオで毎日頓珍漢な中継をしていた時、確か4月だよね。麻理ちゃんが弥彦観光駅長のときね。

遠藤：そうそう。

佐藤：私全く覚えてないんだよね。

遠藤：私はすご〜くよく覚えてる(笑)。すごい笑顔で、ものすごい圧の人が弥彦に来た(笑)。

佐藤：テンション高かったでしょ(笑)。ずっと緊張していたから。自分の事でいっぱいいっぱいで必死にマイクを向けてた。

で録って、スタッフに送って流してもらうんだけど。帰国してスタジオに戻った時、フランスでの仕事をわが事のようにリスナーさんが喜んでくれて、世界のチカコ・サトーっていじってくれて。本当にリスナーさんの存在は大きい。毎日放送があるから、日々の事、一番最初に話す場所はラジオって決めてて、それまではSNSをやらなかったんだけど、閉局してSNSを通して応援してくれたのもリスナーさんなんだよね。辛い時は、褒めてもらったコメントをわざわざ読み返して元気になってる。だから皆さん、定期的に褒めて！(笑)。今回、不可抗力で物事が急に終わるのって初めての経験で、しかもそれが割と自分の今を作ってる、濃い仕事でね。「今日が最終回です」って、いつ言われても大丈夫って思えるような仕事の仕方をしたいと強く思った。

―― 私もバッドコメントにまったく目がいかないの。褒めてくれるほうばっかりに目がいく。

佐藤 珍しく、そこは似ているね(笑)。長続きの秘訣よね。私と麻理ちゃんは分かり合うところもあるけれど、結構違う捉えかたをしてることもある。だから私は麻理ちゃんが好きだし、長く良い付き合いが続いているんだから。

FM PORTナビゲーターズ

FM PORT NAVIGATORS

FM PORTで活躍したナビゲーターの皆さんがPORTについて、ラジオについて寄稿してくれました。懐かしい声が文字から聴こえてくる不思議な感覚をお楽しみください！

新井 翔

日中英のトライリンガルDJ。イギリス・ヨーク出身。2016年11月よりFM PORTにてナビゲーターを務めた。出演番組は『Begin the Be☆金』、『Likey』など。

2016年8月、新潟に初めて降り立った瞬間に「ここで話したい！」と思いました。オーディション結果は合格。自分に合うと思った土地は、4年後には本当にかけがえのない思い出の場所となりました。

ラジオは、毎回が真剣勝負。当初、6時間の生放送ではボロを出しまくり。自分の器ではないと感じることもありました。だけど、体当たりの精神で努力だけはし続けました。

仕事との向き合い方が変わったのは、イベントに出演した時。「面白いよ」と直接言っていただく場面が増えて、素直に嬉しかった。伝える相手に届く放送とは何だろうと考えられるようになりました。

FM PORTはラジオDJとして生きる喜びを教えてくれた大切な場所。最初の一歩が、FM PORTで本当に良かったです。

石田 燿子

「美少女戦士セーラームーンR」ED『乙女のポリシー』でデビュー。以後、さまざまなアニソンを歌唱、作詞。新潟市発信のイベント「がたふぇす」アンバサダーなど、地元に密着した活動も行う。

『あなたと星空の下で』FM PORTで2011年からスタートした地元でのアニソン番組。毎週水曜日の22時から、欠かさず9年間積み重ねて、たくさんのリスナーさんに出会えました。普段は歌うことで皆さんと繋がってきたけど、ラジオでいろいろお話しすることで、これまでとはまた違った景色も見えました。最終回はまるで同窓会のような放送になりました。思えば、中学生のとき、友達と布団にもぐって夜中にラジオを聴いて、歌を覚えたり、大爆笑していたなあ。今でもすごく覚えているし、いい思い出です。「あなほし」もまた、皆さんの思い出の一部になれたら嬉しいです。番組は終わってしまったけど、一緒に過ごした時間はずっと変わることはありません。アニソンとトークで皆さんと毎週繋がれたこと、本当に感謝しています。

磯村 康子

フリーアナウンサー。愛知県名古屋市生まれ、新潟市育ち。2007年よりFM PORTナビゲーター、リポーターを担当。現在はFM新津。ブライダルやイベント司会業を行う。

月日が経つにつれ次第に不思議な感覚になりました。FM PORTは本当に存在していたのか、いや、幻だったのではないか…、気が付けば12年半。正直こんなに長く仕事をさせていただけるとは思っていませんでした。リポーターとして様々な場所で、多くの方にお話を伺いました。私のモットーはラジオの前の皆さんが思わず「クスッ」と笑ってくださる中継。それが失笑でも苦笑でもいいのです。少しでも耳に残り、心に届く中継にしたくて春は♪桜を独唱したり、クイズやつまらないダジャレ、そして好評だった!?愛称の「いそっちです！」となぞかけも。出会った人と楽しみながら仕事をしたこと全てが財産となりました。懐かしく「クスッ」と…どこかで私の声を聴いたら笑顔で話し掛けてください。想像を膨らませるラジオが大好きです。

遠藤 洋次郎

2003年、FM PORTの番組オーディション合格を機に新潟へ。現在はナレーションや司会、話し方レッスン、朗読講座の講師などの活動の他、野菜作りに汗を流す日々。

ラジオCMは、20秒という制限の中で作り上げる葛藤と緊張と興奮の音世界だ。だいたいラジオCMの指示は曖昧で、ムチャぶりが多い。「ハイテンションで」「仕事のできない上司みたいに」「愛を囁く感じで…」この難題にどう応えるか…戦いだ。

緊張みなぎる放送ブース。刻まれていく秒針。噛んじゃダメだ。

僕の中で、このCMだけは流さないでくれと願ったものが一つある。「FM PORT停波・閉局のおしらせ」だ。明朝体で書かれた原稿。指示は書いてない。どんな感情で読めばいいのか？　湿っぽくなりたくはないし、明るくもできない。……閉局の現実。後日、ラジオから流れてきた自分の声はどこか他人事のように聴こえた。

僕はまたいつの日か、ハイテンションで仕事のできない上司が愛を囁くCMを読んでみたい。

小方 恵子

長岡市出身。千葉TV、NST新潟総合テレビ、FM新潟の局アナを経てフリーに。愛犬の最期まで生ききる姿に教えをもらう。念願のフラダンス始めました。お仕事募集中！

麻理ちゃんの人徳は、こういうことから高まるのでしょう。誘ってくれてありがとうございます。そして、3冊目の出版おめでとう！　あなたに会えたことが宝です。

せっかくなので、ラジオ史からひとつ。

私はFM新潟の局アナ時代、土曜夕方にリクエスト生番組を企画＆熱望し、電話会社が冠提供くださり平成元年春に実現できました。当時は、まだレコードとCDが混在し、リスナーは、はがきでの参加の頃。もっと即時性を出したいと、電話会社の番組だけに留守番電話を利用して、そこにリクエストを入れてもらおう。お名前は、これまでのペンネーム…では変だ。ラジオ上の名前＝ラジオネームを言ってもらおう！と考えました。これがラジオネームの始まりです。時代はその後、FAX→メール参加へと変わってきました。

昔も今もこれからも、時にはラジオの中に入ってご一緒に。どうぞ豊かな時間を。

海津 ゆうこ

フリーアナウンサー。現在は地元のエフエムしばたで朝と昼の番組を担当。またFM PORT閉局と共にYouTubeでラジオ番組をスタートし、リスナーと作るラジオを心掛けている。

中学生時代、ラジオブームがありました。学校に行くと昨日見たドラマの話ではなく、昨日のラジオ番組の話で盛り上がる。そんな時代でした。新潟にはないオシャレでカッコいい雰囲気、それを味わえたのがFMでしたが、当時の私は攻めのトークで楽しませてくれるAM派。新潟でも放送している番組なのに、わざわざ東京のラジオ局に合わせ、雑音がする中で一生懸命聴いていました。番組が始まる数分前からラジオのポジションを決めるために、「今日の一番電波の良いところ」を探す作業。これがなかなか難しい。番組が始まる直前で急に電波が悪くなり、再チャレンジすることもしばしばでした。

あれから何年と経ちましたが、ラジオはやっぱり生活の一部。ただ聴いているだけなのに気持ちがあったかくなる、ラジオはそんな存在です。

小山 紗季

FM PORTナビゲーター。現在はフリーアナウンサー兼、三条市の「Hair-Make Wish」でネイルやまつげエクステ担当美容師。

10年前まだ美容学生だった頃、アルバイト先のレストランで「君、ラジオで喋ってみる？」とお客様に声を掛けられたのがFM PORTで喋るようになったきっかけ。

好奇心だけで異世界へと飛び込むようにスタジオへ。マイクの前に座り、ヘッドホンをつけ、ガラスの向こうにいるディレクターさんの合図で始まる軽快な音楽、喋り始めるナビゲーターさんの弾むような声色とスタジオにいる全員を巻き込み波に乗せてくれるトーク。

「うわあ！　私今ラジオの中にいる!!」

子どもの頃父がくれた小さなラジオウォークマンで深夜番組を聴くのが大好きだった。

その世界に私の声が今参加してる！と鳥肌が立つほど感動したあの瞬間は今でも鮮明に覚えています。

異世界だったラジオも今では私と、たくさんの仲間の歴史を刻んだ大切な現実世界です。

近藤 のぞみ

FM PORT中継リポーターを7年、『PORTA』ナビゲーターを10年務める。現在、BSNラジオ「ごきげんガーデニングリポーター」として出演。ほかテレビリポーターなどで活動中。

停波って!?　放送局だよ!!　まさか…。とにかく閉局までこれまで通り、一生懸命取り組んでいこうと決めました。

終わりの日が近づくにつれリスナーからの温かいメッセージが増えていき、こんなにも愛されていたこと、皆さんの生活の一部として寄り添えていたことを実感。もちろん私自身も、番組を愛していました。

最終日の花火、リスナーが照らしたライトの輝き、スタジオから見た景色…忘れません。って、浸っている場合ではなくて、ラジオを止めてはいけないと思います。

個性的なパーソナリティ、曲との出会いは心を豊かにします。また、自然災害や新型ウイルスなどの不測の事態のときには必要な情報を届け、頼りになります。

radikoで、ラジオはより身近になりました。

ラジオは生活に必要なものなんです。

佐藤 亜紀

フリーアナウンサー（司会、ナレーションなど）。村上大祭インターネット生中継ナビゲーター、サンミュージック・アカデミー新潟校専任講師。

週末生中継のリポーターからスタートした2005年。閉局する6月末まで、県内各地、旬なイベント、本当に数えきれない話題のスポットにおじゃまし生中継をさせていただきました。『LOVE SNOW PARADISE』では、スノーボードを知らなかった私が、バッジテストを受けさせていただくくらいになりました。今シーズンも雪山でお会いしたいですね♡「Team79.0」は、ラジオで呼び掛けリスナーの皆さんと作り上げたチーム。私はチームリーダー、選曲、振付、振り入れ全てを担当。2020年10月と12月、チームの「またこのメンバーで踊りたい！」を形にしたイベントを開催しました。チームは強い絆の家族のような存在に変わってきました。今まで応援してくださった皆さん、番組・イベントを通して出会った皆さんのご縁を大切に、またお耳にかかれるよう頑張ります。

千葉 ひろみ

2006年〜2013年『TOKYO→NIIGATA MUSIC CONVOY SATURDAY SPECIAL』2016年〜2020年『WEEKEND COLOR』を担当。移動時は常に競歩。階段は1段抜かし。好きな食べ物は米と麦茶とオリーブオイル。特技はラッピングと垂直跳び。

ラジオの生放送。何より嬉しかったことは、聴いてくださる人がいたこと。リスナーとつながることができたこと。大きな収穫は、いろんな発見があったこと。自分にとって本当に大切なことや、私は何者なのかを知ることができた。最も大きな発見は「私の前世は間違いなく忍者だった」ということ。「は？」という声が聞こえてきそうだが、慣れている。なぜ忍者かというと、私は背後に人がいるのが嫌いだ。列に並んでいる時も後ろにいる人の気配が苦しい。なんなら譲った方がマシである。特技は人混みをスイスイすり抜けることだし、いつも小走りでしかも足音が静か。ラジオでは人前に出ずコソコソ喋っているし、ゲストを迎える時も事前にコソコソと情報を探るし、急に物まねをして人を惑わせる。

自分を発見できるラジオって、素晴らしい。

騰川 美和

新潟市生まれ、新潟市育ち。空港グランドスタッフや旅行会社勤務などを経て、現在はフリーで、リポーターやナレーション、イベント・セレモニー司会などの活動中。

私、スピード婚だったんです。出会いはある婚活パーティー。勇気を出して声を掛けたのが運命の始まりでした。…私の、FM PORTとの出会いです。PORTが関わっていた婚活イベントに参加して、ご挨拶したのです。実際の結婚相手とは巡り合えませんでしたが(笑)、PORTとはすぐに結ばれ、あれよあれよという間に『リアルアルビ』のスタジオアナウンサーになりました。これを皮切りに約4年間、さまざまなことを担当させていただきました。中継リポーター、ニュース、競馬や競輪番組、さらにはゲレンデDJまで……DJ騰川って。もっと適材適所があろうにと思いましたが、何にでも挑戦させてくれ、可能性を広げてくれたのがPORTでした。そしてそれを受け止めてくれたのはリスナーの皆様。

今でも感謝の思いを忘れることはありません。

中村 ちひろ

SKY's THE LIMIT JAPAN代表、フリーアナウンサー。FM PORTではニュース＆ウェザー、『Sw!tch』、映画番組『CINEMA PORT』などを担当した。

ラジオには『偶然』があります。

何気なく聴いていた番組で流れていた音楽に心を揺さぶられ、喋り手の話が自分の心にリンクし、伝えられていたニュースが世界を知るきっかけをくれる。そんな『偶然＝予期せぬ出会い』がラジオにはあります。自分が好きな曲や知りたい情報だけを選択する配信サービスやネットには、恐らくないものです。

だから私はいつも信じていました。

季節の移り変わりや身近なニュース、お薦めの映画や本の話題が、声が、言葉が電波に乗って目に見えない誰かの心に届くことを。それに応えるかのようにリスナーの言葉が私に寄り添ってくれた時は、いつも心の中で「ありがとう」とつぶやいていました。

今、私は一人のリスナーとしてラジオの前で『偶然の出会い』を楽しみに待っています。

南雲 和子

新潟市在住。FM PORTではニュースアナウンサー、『ECHIGORIAN ～トキめき新潟人～』担当。2018年4月から医療・福祉の現場で言語聴覚士として勤務。

FM PORT『ECHIGORIAN～トキめき新潟人～』の終了とともにラジオの世界から遠ざかり、今は言葉のリハビリをする言語聴覚士として医療と福祉の現場で働いています。

話す側から聴く側になり、ラジオから届く言葉のパワーを改めて感じます。話し手の言葉は、電波に乗り何倍にも増幅され聴き手に届く。ささやかな相槌が落ち込んだ気分を穏やかに癒やす。それも、程よい距離感で。

テレビ局勤務の頃上司に言われたことがあります。『映っていないものはないものと同じ』。テレビも動画も目を惹かれ魅力的ですが、ラジオは言葉が想像を掻き立て、そこに人肌〝声肌〟の温もりがあります。

FM PORTが停波になり今は声肌難民の私。また温もりを感じられる番組に出合える日を心待ちにしています。

野沢 直子

新潟出身。2002年から10年ほどの間FM PORTに携わる。結婚し二児の母となった現在は、湘南鎌倉の山や海を活動の場にした青空自主保育にてワイルド育児に奔走中。

朝から元気な子どもたちに叩き起こされ、夜は寝かしつけ寝落ち。新潟を離れ、白目マックスで慌ただしく子育てに追われていると、新型ウイルスで帰省もままならない今、FM PORTでの日々は、まるで遠い前世の幸せな記憶か夢かのよう。今はなきFM PORTを思い出すたび胸がギューッと苦しくなります。新潟が恋しい。FM PORTが恋しいよぅ。星の王子さまのキツネじゃないけれど、目に見えず形もないFM PORTの思い出たるや！　PORTのリスナーの皆様、ナビゲーターやスタッフの皆様、お元気ですか？　思えばPORTのスタッフやナビゲーター皆が、常にワクワクしていて面白い番組作りに貪欲だった。そこへリスナーの皆さんが参加することで、更に面白さや厚みが加わって。あ～ほんっとに大好きだったー!!

麻理さん、FM PORTを形に残してくれて本当にありがとうございます！

松井 弘恵

VOICE VISION代表、フリーアナウンサー。敬和学園大学非常勤講師、(株)e-table代表取締役。

私がFM PORTで喋り始めたのは2003年10月からスタートした、あの伝説!?の番組『パライソオムレット』でした。

当時は珍しい「ママナビゲーター」として、日々の子育ての話、同居している義理父、母とのやり取りなどなど、私の日常を包み隠さずさらけ出していました。そんな私を受け入れて、毎日毎日番組にメッセージを送って下さったり、さまざまなイベントに参加して下さったリスナーの皆さんとは、いつしか家族、親戚のようになっていました。

そのようなつながりを感じることができたからこそ、大きな災害が起きた時も、ラジオを頼りにしている人の心に寄り添う放送ができたと思っています。目には見えない「絆」が生まれるラジオ。いつでも、どこでも、ひとりでも、誰かとつながる声は流れ続けます。

松村 道子

新潟市出身。NST新潟総合テレビを経て、2008年からフリー。FM PORTでは『柳下正明 ベンチでの闘い』『骨髄バンクってどんなもの？』など特別番組も担当した。

サッカー中継『リアルアルビ』の〝ピッチサイドコメンテーター〟として、8年間でアルビレックス新潟の約100試合をリポートしました。FM PORTが与えてくれた〝コメンテーター〟という肩書きには、情報を伝えるだけではなく、チームを理解し語る役割があると解釈し、その姿を追い求めたつもりです。勝敗以外のドラマを捉えたいとも考え、1回の中継につき3度は練習場に通い取材を重ねました。2015年からは、番組のフェイスブックページに取材日記を掲載。その内容を「ピッチサイドの良心」(！)と表現して期待を寄せてくれる方がいたり、試合内容を巡りサポーターと意見を交わしたり、ラジオとSNSの相性の良さを感じていました。『リアルアルビ』が新潟のサッカー文化にわずかでも貢献できていたらと願います。

「挑戦は人生を面白くする」。2000年、私はFM PORTに人生を懸けた！

夢と希望と野心を抱き、邁進していた10年前…

遠藤 麻理
MORNING GATE 担当

『10年もたツシだ…』


10年前、私は一言で言うと『パッツン』だった。スーツがパッツパツ、はちきれそうだった。今も時々、当時を知るスタッフが写真を引っ張り出して陰で笑っているのを知っている。その後、私は『プッツン』(古い)になった。それはもうラジオをお聴きの皆様ご存知の通り、トンチンカンな発言で毎度おさわがせします(古い)。

開局からのメンバーに仮谷和代さんがいる。実は彼女のことを、私は高校時代から知っていた。テレビで高校生レポーターを体験した時、その先輩レポーターだった仮谷さんのVTRをテレビ局の人が私達に見せながら「この子がお手本だ」と言った。仮谷さんは太陽の下で、キャップをなぜか斜めに被り、まばゆい位に輝いていた。

FM PORTに入局して、仮谷さんを見つけた時「あの人だ！　一緒に仕事ができるなんて！」と感激したのを覚えている。その仮谷さんと、赤提灯で一杯やることになるなんて…そのまま10年経つなんて…信じられない。

今は二人で、このまま一生『ポッツン』(孤独)にだけはなるまいと誓い合っている。

この10年、全ての出会いに感謝します。

ありがとうございます。

仮谷 和代
MOVE ON STREET 担当

『スウィ〜ト☆10』


『風の吹くまま〜♪　気の向くまま〜♪』好奇心のアンテナが、何かキャッチした所からレポート！　10年前、それが私の仕事でした。まさに『ぶらり途中下車の旅』。

毎日、毎日、無我夢中で走り続けていたので、息切れをする事もありました。そんな時、私を救ってくれたのは“朝のカマイタチ”こと…遠藤麻理さんの言葉です。

「全ての経験が、かりちゃんの財産になっているんだよ!!」

「一生、この人についていこう！」と思いました。

いろ〜んな所に行きました。た〜くさんの方にインタビューしました。初めは「FM PORTです」と言っても、「はぁ？　S・M??」と聞き返された事も度々…次第に「FM PORT知ってるよ」から「聞いてるよ」、「応援してるよ」に。PORTリスナーの輪が広がっていくのを実感!!　嬉しかったです♪

地元の人しか知らない秘密の場所や、美味しいモノもたくさん教えてもらいました。いっぱい元気もいただきました。『全ての出会い』が、私の宝物です。

10年前に比べて度胸と体重は、か・な・り↑↑しましたが、これからも『一期一会』を大切に、『初心忘るべからず』で原石を磨いて、磨いて、贅肉も削り落として、光輝くダイヤモンドになりたいと思います。

そして、プライベートでは…「どなたか、ダイヤの指輪を下さ〜い♡」


2010年、FM PORT「タイムテーブル」に掲載されたコラムを再現しました。


あれから10年…　変わらず二人とも『ポッツン』のままですね！

「まさかの坂」のどん底まで転げ落ちても、蹴落とされても『ポッツンズ』は、また這い上がっていきます！　この先もずっと付いていきますね、今は昼のカマイタチさん!!

仮谷 和代

新潟市出身。FM PORTでは『スタイリッシュ・ライフ』などのレポーター『EVENING CRUISE』『MOVE ON STREET』『ひるドキッ！』ナビゲーター。ゴルフ番組、ショッピングキャスター、ニュースを担当

S-POPの人

「昭和歌謡はナポリタンの香り」

僕が幼少期を過ごした1970年頃の渋谷は洋食と洋楽の街だった。駅に降りたつと、まずその匂いと共に脳を支配するのは洋食屋さんがつくるナポリタンの香り。当時渋谷は街中に個人経営のレコード店が数多く見られ、どの店からもビートルズやサイモン&ガーファンクルといった洋楽が入り乱れては街を波打ち、しかしその一つ一つがなぜか不思議と別々に聴こえてくるという、どこか遊園地にも似た独特な音楽空間を形成していた。

欧米のサウンドに憧れるも、言葉のセンスの違いからロックのリズムに融合させることが難しかった日本の言葉。しかし音楽人たちは試行錯誤を繰り返しながら長い年月をかけて独自のスタイルを確立し、やがてそれは昭和歌謡の中に息づく。「昭和歌謡」その存在はどことなく日本が生んだ洋食「ナポリタン」の味に似ている。

特別寄稿 新潟とラジオ

NIIGATA AND RADIO

やきそばかおる

「新潟弁でナイスデイ」「園児対抗歌合戦」「夜を訪ねて3000軒」「ナゾナゾ大好き」「がんばれ!母ちゃん」「赤ペン番長列伝」「オレ達!長靴族!」「宝石物語」「月曜日を好きになりたいあなたへ」

いずれも新潟で放送されているラジオ番組、およびコーナーのタイトルだ。「どんな番組なんだろう」と思わせるものばかりである。

昭和50年、山口県に生まれた私は小学生の頃からラジオにハマり、地元はもちろん、福岡や大分、愛媛のラジオを聴いて育った。地域やラジオ局によって番組の雰囲気が異なることを感じ取り「福岡の番組からは都会の香りがする」「大分はのんびり喋る人が多い」「愛媛はシャレた音楽番組が多いな〜」と遠くの街から届く声に想いを馳せていた。現在はスマートフォンやパソコンでラジオが聴ける「radiko」のおかげで全国の民放99局のラジオ番組が楽しめる。いわば「どこでもドア」だ。ちなみに「交通速報」と聴いて「新潟!」とピンとくる人は間違いなくBSNラジオのリスナーだ。他の全国のラジオ局は「道路交通情報」「トラフィックインフォメーション」と呼んでいて「交通速報」と呼んでいるのはBSNラジオだけ。動きを感じるタイトルだ。

私は各地で放送されている魅力的なラジオ番組について取材、インタビューしているため「面白い番組をどうやって見つけるの?」と訊かれる事が多い。おすすめはラジオ局の番組表を眺めること。ラジオ局のサイトでも公開されており、番組表を見ると放送されている番組のタイトルと放送日時が一目瞭然だ。私は気になるタイトルを見つけたらすかさずチェックする。番組表は面白い番組を見つけるための宝の地図なのだ。鉄道ファンが時刻表を、地図ファンが地図帳を愛でるのと同様に私は番組表を愛している。気になる番組をチェックしてラジオ(radiko)で聴き始めて止まらなくなると〝ラジオの沼〟にズブズブハマり始めた証拠だ。そのうち、生活とラジオの一心同体化が始まり、「このコーナーが始まると8時15分。そろそろ洗濯しないと」と時計がわりになっていることに気付く。

私がラジオ番組で特に気になるのは「方言」「パーソナリティー」「企画」だ。方言は地域を映す鏡。全国的にみると、方言の使用を推奨しているラジオ局もあれば、方言を出さないようにしている局もある。私は方言賛成派だ。方言は地域の通行手形であり、他の地域の人々に魅力をアピールする武器になる。BSNラジオ『近藤丈靖の独占!ごきげんアワー』で放送されている「新潟弁でナイスデイ」は他の地域の人に聴いてもらうと非常に喜んでもらえるコーナーだ。新潟弁に詳しい近藤アナがユニークな例文と共に新潟弁を優しくレクチャーする。新潟の言葉は変わっているため、番組を聴いていると感心することが多い。

現在月曜のアシスタントを務めている行貝寧々アナは東京出身。まだまだ新人で、新潟に慣れないまま番組に加入…と思いきや、あらかじめ番組を聴いて新潟弁を猛勉強していたという優等生だ。とはいえ、近藤アナともうひとりの出演者で新潟出身のルビアさん(現在は休演中)との方言のやりとりが始まるとキョトンとしてしまう。「新潟弁の道は一日にしてならず」である。

「パーソナリティー」に関していえば、挙げ始めるとキリがないほど個性派が揃っている。『高橋なんぐの金曜天国』の高橋なんぐは芸人と講演活動で大忙し。くだらないトークで突っ走ったかと思いきや、教育に関する真面目な話で涙を誘うこともある。ご存知、遠藤麻理は(良い意味で)〝のほほん〟としていて時に本音を混ぜる。一言で表すなら〝ちょうどいい話し相手〟。独特なペースでリスナーの心を掴むテクニックは喋り上級者の域だ。

「企画」でいえば、FM NIIGATA『Gottcha!!』月曜の「園児対抗歌合戦」は永久に続いてほしいコーナーだ。3人の園児が出演して、それぞれ好きな曲の一節をアカペラで歌う。『ぞうさん』『桃太郎』などの童謡を歌う子どもが多いが、以前の放送ではある男の子が平井堅の『楽園』のサビの部分を熱唱していた。さっきまで「好きなお菓子」「好きなおもちゃ」などについて話していた子どもが一転して大人の歌を熱唱する姿が微笑ましい。どんなに忙しくてもこのコーナーが始まると思わず仕事の手が止まる。

改めて新潟のラジオ番組全体をみるとノリの良いリスナーがワイワイと集まっている印象がある。そういえば遠藤麻理がFM PORTからBSNラジオ『四畳半スタジオ』に引っ越した時も、BSNラジオのリスナーと打ち解けるのに時間はかからなかった。さらに遠藤が休んだ時に代打としてスーパー・サザンゴ・マシンが登場した時もリスナーは温かく迎えていた。美味しい食べ物に恵まれ、お酒が好きな人が多い新潟。ラジオが賑わう様子はパーソナリティーを店主とする人気料理店のようだ。

ラジオコラムニスト。ライター。「radiko.jp」「シナプス」(ビデオリサーチ社)をはじめ、雑誌、Web、新聞などでラジオに関するインタビューやコラムを執筆中。また、MBSラジオなど4本の番組や講演会でラジオの魅力を伝えている。

FM PORTディレクターズ

FM PORT DIRECTORS

番組を統括する、現場の総監督。ナビゲーターは彼らのキューを受けないと喋ることができません。いい番組作りは、ナビゲーターよりディレクターにかかっていると言っても過言ではないのです。個性の強いPORTのナビゲーター陣に負けず劣らず癖のある4人のディレクターによる寄稿です。

安政 英幸

ラジオ番組制作歴29年生。現在、大阪在住。FM PORTでは『Mint Condition』『CINEMA PORT』『朝日山ライフステーション』などを担当。

FM PORTの最大の特色は「自由さ」でした。通常の放送局は、その時刻になると強制的にCMや時報に切り替わる「確定」がありますが、PORTには少ない。最初に担当した『タウン・クロッシング』の場合、午後1時の時報後は4時前のエンディングまで「確定」一切無し(笑)。だから楽曲をフルで流せたり、ゲストのトークが伸びてもOKでした。出演したアーティストが「こんなにいっぱいお話しさせてもらい嬉しかったです」と帰り際によく話されていました。

〝自由〟の最たるものが「はずのみ」でしょう。酒を飲みながら2時間話してもらい、そこで展開されたトークを流した番組でした(笑)。ときには次第に顔が赤く

FM PORTで特筆すべきは、その独創性についてだろう。「ウチでしか聴けないもの」を目指して皆で何にでも挑戦してきた。2002年12月、私はPORTの制作に加わった。フロアで最初に声を掛けてくれたのは麻理さん。その後インタビュー番組を始め、特別番組やイベントなど、多くの作品を2人で作ることになった。その特番もPORTらしさの一つだと思う。私の関わったものをほんの一部だが挙げていこう。

■「阿賀の流れに思いをのせて〜参ちゃんが唄う新潟水俣病」。上司に叱られるくらい麻理さんと取材に出た。局初のドキュメンタリー特番となった。

■年越しクラシック特番。大晦日の夜11時から2時間の生放送。リスナーと一緒に新年を迎える企画。1年の中でも大切な時間に聴いてくれるのだ。生放送にこだわり15年続いた。またフェードアウトせず、交響曲も全楽章オンエアした。みんなで一緒に全部聴いちゃいましょうという考えだ。ベートーベンも喜んでくれたと思う。

山岸 弘和

FM PORTの開局メンバーの1人。開局当日の最初の番組(モーニングゲート)を担当。2020年6月30日の最終番組(Many Thanks from FM PORT)も担当。開局前夜から閉局当日を知る数少ない制作スタッフ。

新潟県民エフエム放送(FM PORT)は、全国ネットワークに属さない独立局として2000年12月20日に開局しました。多彩な番組を展開してきましたが、新潟での役目を終えて約20年(19年6カ月)の歴史に幕を閉じました。閉局の発表は3月31日。現場には約1週間前に知らされました。知っているのに言えない複雑な思いの中、31日の午後ついに発表されましたが、正直なところ実感はありませんでした。「まだ3カ月ある、何とかなるだろう」という気持ちと「信じたくない」という気持ち…。一方で閉局への準備も始まりました。この20年で、開局を知るスタッフも少なくなりました。そんな中で思ったことが「FM PORTの最後を締

約10年のFM PORTでのラジオ人生、中でも小方恵子さんナビゲートの日曜朝の番組『Ladybird』でディレクターを務められたことは幸せでした。

ある時、ケイちゃん(大先輩ですがそう呼ばせてくれました)が「私の(番組の)パートナーになってくれない?」と、可愛らしい声で言うものだから、思わず「僕でよければ…」と二つ返事で引き受けてしまいました。

付き合ってみて分かりましたが、小方恵子という人は半端ない甘えん坊です。他のナビゲーターと楽しそうにしていると拗ねるし、定期的に愛情表現しないと凹みます。そのくせ我が強くワガママなので「こう!」と言ったら曲げません。どんだけのツンデレ!

しかしそんなケイちゃんは、とことんリスナーに向き合うナビゲーターでした。ある時「大事な人を亡くしました」というメールが番組に届きました。日曜朝に紹介する内容ではないのかもしれないと思いつつ見せると、彼女は次のフリートークの時間を全て使いその方へメッセージを

なり、呂律が回らなくなるゲストも。タレントさんが出演の時は、同席したマネージャーさんから収録後「あそことあそこは無しで」とダメ出しをよく受けました（笑）。酒の力でみな饒舌になるんですね。時効だから言えますが、おいしく飲食する出演陣の隣の小上がりで収録していた私と技術マン。飲食せず毎回ジッと耐えながら舌打ちしてましたっけ（苦笑）。私は下戸なのでよかったのですが、お酒好きな技術マンはほんとに気の毒でした。

いろんな面で自由だったFM PORT。元PORTリスナーの皆さんは、他局の放送にもう慣れたでしょうか？ DJが鞍替えした他局の番組、楽しんでますか？ DJのカラー、雰囲気はそう変わるものではないので、普通に楽しめてると思いますが、PORT独特の自由さというのは、独立局で全てが自主制作だったところにありました。突然放送がなくなり、ポッカリ心に穴が空いた方も多いでしょう。新型ウイルスの影響もあり、全国的にラジオ業界は苦境に立たされています。〝こちら側〟の努力も必要だと思いますが、意識してラジオ好きでいていただければ。そしてラジオの面白さを広めたり、ラジオ仲間を増やしていただければ幸いです。

■「深夜の生ラジオ～越智先生と遠藤麻理と語ろう」。この番組の真のタイトルは『深夜の生ラジオ～柏崎刈羽原発の再稼働について語ろう』。何にでも挑戦したが過去にお蔵入りになった番組がある。「原発」がテーマだった。最後にこのテーマを復活させようと麻理さんに持ちかけ実現した。ラジオは自分の考えを言い合える場であってほしい。

■スポーツ中継も挑戦だった。地方FM局が自局で実況アナまで育てた。器用な立石さんの実況と、丁寧な取材の松村さんのピッチリポート、多彩な解説陣で、アルビレックス新潟戦を主に中継。FM PORTスポーツスペシャルはチームワークが自慢だった。

他にも鎚起銅器、骨髄バンク、大掃除と音楽、新潟三越閉店、ロックとクラシックなどをテーマにした。リスナーの皆さんはPORTの特番の存在をどう捉えてくれていたのだろう。感想のメールは制作の励みになった。聴いてほしいテーマはまだある。人生ネタ探しの日々は続いている。あぁ、ラジオに戻りたい。FM PORTがいい。

田代 瑞穂

『スタイリッシュライフ』ADで始まり17年6カ月。クラシック番組、スポーツ中継、万葉集、テイスティング、特別番組、競馬イベントなど担当。停波のその時まで音を出していた人。

めくくりたい」

半ば強引に？最後の特別番組「Many Thanks from FM PORT」を担当させていただきました。放送局の最初と最後に立ち会えるなんて、まずできない経験です。仲間の力を借りながらなんとか締めくくることができました。最後の番組が放送された時の局内は、放送開始前からパーティーが始まり、お酒も入り誰も番組を聴いていませんでした（笑）。みんなのにぎやかな声で放送が聴こえなかったというのが正しい表現ですが。しんみりするよりワイワイ思い出を語り合っていた感じでしたね。ただ放送時間がわずかになり、停波の瞬間が近づくにつれ、その声が小さくなり、スタジオに多くの人が集まってきました。そして残り1分、最後のコールサインが流れると言葉はなくなりました。すすり泣く声もあったと思います。停波後は拍手がわき起こりました。翌日のテレビニュースで涙を流していたリスナーを観ました。それほど愛してくださっていたと思うと胸がいっぱいです。リスナーの皆さん、PORTのない生活、他局さんとの生活には慣れましたか？ ただ、FM PORTという〝変な放送局〟があったことを時々思い出していただければこれ以上の幸せはありません。

改めて、長きにわたってFM PORTを愛していただき、本当にありがとうございました。そして今回声を掛けてくれた麻理ちゃん、ありがとう。

届けました。「受け入れられなくて当たり前です。今は悲しみに寄り添ってください。私でよければ、いつでもここにいますから…またメールくださいね」と。自身も母親を亡くした経験に触れながら話しました。反響は大きく、他のリスナーからもたくさんの言葉が寄せられました。朝だろうがなんだろうが、メールをくれたリスナーはケイちゃんに話を聞いてほしかったんです。そう気付いた時、メールを紹介すべきかで悩んだ自分が恥ずかしくなったと同時に、リスナーを大切に思うケイちゃんの気持ちが伝わり「この人と組めて本当に良かった」と実感しました。

彼女と番組を作れなくなった今、日曜日の朝が物足りなくて仕方ありません。それはリスナーの皆さんも同じですよね。でもこの先もいい出会いと、嬉しい出来事がたくさん待っていると信じて、最後は僕も大好きな、ケイちゃんの言葉で締めます。

「どんなに大きくてもいいのが夢、どんなに小さくてもいいのが幸せ」

FM PORTそして『Ladybird』をお聴きいただきありがとうございました。

大島 卓

ADからミキサー、そしてディレクターと数多くの番組を担当。また『Mint Condition』では洗濯やお掃除を紹介するスタッフ“スグル”として、『Rafveryのラフな時間』ではミスターOとして登場。

さとうまこと

SATO MAKOTO

みんなの兄貴！　まことさん。FM PORTで担当していた
『Makoto Savanna』は、サバンナの大草原を
全裸で駆け抜けるような野性味あふれる内容で、
トーク、音楽、タイミングの三位一体感が奇跡のような番組でした。
時に熱くメディア論を語り、時に優しくアドバイスをくれる、
そんなまことさんを慕うファンたちが、
老若男女うじゃうじゃいます！　私もです！

体育会系と呼ばれる制作会社で鍛えに鍛えられた6年間

――まことさんはずっとテレビ業界。初めはテリー伊藤さんの事務所に入られたんですよね。

まこと そう、テレビの表じゃなくて、裏方が華やかに見えて飛び込んだ世界だったね。高校の修学旅行先で見たドラマの撮影現場で、アロハで短パンでビーチサンダルでサングラスをかけたディレクターが輝いて見えて、帰りの新幹線で担任に言ったんだもん、「テレビの仕事する！」って（笑）。大学は千葉だったけど今ほど情報がない時代だから、どうやったらテレビ業界に入れるのだろうと、業界人がいそうな六本木とか西麻布をあてもなく歩いてね。そしたらある日、歩道でテリー伊藤さんが一人で立ってたの。今しかないと思って「入れてください！」って直談判。「明日電話しろ！」って名刺一枚もらって。

――あてもなく歩いてて巡り合うんだから…呼ばれたんでしょうね～。

まこと 次の日に電話したら事務所の人に即呼ばれてね。電車の中で急いで書いてった履歴書をさ、読まずにポーンと放られて「いつから来れる？」と。「明日からでも！」って答えたら、「一週間やるから、とにかく友達と目一杯遊んで来い！　しばらく会えなくなるから」って。約束の日に三日分のTシャツとパンツと靴下のセットをリュックに詰めて出勤したら、そこから一カ月半、アパートに帰れなかった。

――うわぁ～！　どんな世界でした？

まこと 当時、体育会系の中でも厳しい事務所だったから、社員が定着しない。何の前触れもなくいなくなったり、置き手紙だけ残して消えたり、常にAD不足だったわけ。ADとしていろんなディレクターに同時に付かなきゃいけないし、その人たちの癖だとか性格だとか、たばこの銘柄とか、そういうのも全部頭に入れる。その上で、ディレクターのAさんは今日は夜中まで編集です、Bさんは翌朝からロケですってなると、編集を終えたAさんを自宅まで送ったその足でBさんのロケ現場に行く。ロケ弁当の発注もするし、電話は基本的にワンコールで出る。事務所に寝泊りしていて、寝ている時もお腹に電話を乗っけてたからね。基本的にNOがない世界だから何でもやる。だからADになって一カ月半で、仕事は全部叩き込まれたし、覚えた。

――辞めようとは思いませんでしたか？

まこと 学生の時から『オールナイトニッポン』聴いてて、とんねるず様々で。も～、とんねるずと仕事できたらこの業界辞めてもいいと思ってたら『ねるとん紅鯨団　芸能人スペシャル』のADやらせてもらえて「夢が叶った～」と。でもその時にはある程度仕事も覚えて面白さを知ったから、辞めるなんて全然考えられなかった。

既成概念を打ち壊されて新たな視点が見えてきた

――新潟には、どういうキッカケで帰ってきたんですか？

まこと このまま東京にずっといるのかな？とか、少し将来を考えたタイミングだったのかも。東京で6年弱やって、VTRも作らせてもらえるようになってたから、そのままいったらエリートコースだったかもね、バラエティーで（笑）。だから帰ってきた瞬間から下剋上だ！　東京を凌いでやる！と思った。90年代の新潟にはバラエティー番組があんまりなかったから、まずそこから制作を始めて。すると皆が観てくれるようになって、番組も周知されるようになってきて。で、ある日ラジオディレクターの畠澤さんから「ラジオやり

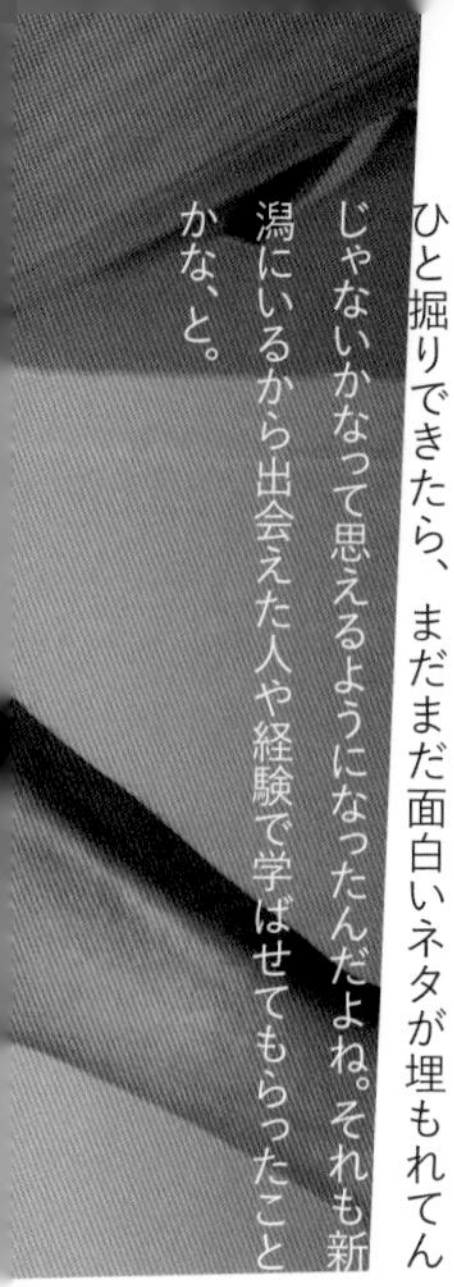

ませんか？」って話がきて、「うわ〜、やりたい！」と。ラジオの喋りが好きで車移動の時に、車中から見えるいろんな看板で提供読みとかしてたの。「この番組は〇〇子どもクリニックの提供でお送りします」って、ラジオのまねごと。だからオファーをもらった時は嬉しかったし、そんなふうにコレと思ったらすぐに採用されるようなスピード感って、東京に比べるとずっと速い。それってローカルならではで、新潟にはそういう魅力がいっぱいあったのよ。

――確かに。入ってくる情報も近いし速いし、細かいですよね。

まこと　そもそも自分がテレビに出たりラジオをやることが、東京だったら絶対ありえない。ようやく30代で自信を持って仕事ができるようになったけど、40歳の時にアメリカ人ディレクターと組んだテレビの仕事でガツーンって衝撃を受けたの。佐渡でトキを2週間追い掛ける取材で、彼はドキュメンタリー専門の人だったから、撮影の仕方とかネタの掘り下げ方とか、俺の経験や既成概念をことごとく壊してくるわけ。自分が「このネタならこの人だよね」って提案した取材対象者を「それはいらない。もっとこういう人連れてきて」とことごとく変更するから、毎日下痢でね（笑）。だけど自分とは違う視点っていうのを目の当たりにして、大きく成長できたの。よく地元では当たり前なことが、他の地域からすると珍しくて驚かれたりするじゃない。そういうのを地元にいる自分がもうひと掘りできたら、まだまだ面白いネタが埋もれてんじゃないかなって思えるようになったんだよね。それも新潟にいるから出会えた人や経験で学ばせてもらったことかな、と。

加齢という付けダレを足して旨味をアップさせろ！

――『Makoto Savanna』は文字通り、サバンナを駆け抜けるが如くの勢いとテンションでしたけど。

まこと　「ラジオ界のすきま産業」って呼んでいたけどね（笑）。いやもう、それは毎週楽しかった。あれもこれもお便り読みたいのに足りないぐらい、リスナーさんと会話できたから。文面からいろんなキャラクターの人たちがいるってことが分かるじゃない。こういうこと考える人なんだとか、こういう事に興味がある人なんだとか、それを見つけた時に面白いなって思うし会いたくなる。ましてや番組は夜10時開始で、普通はテレビを観てるか寝てるかの時間なのに、リスナーさんはこんなくだらない男の話を楽しみにして、24時間の円グラフの中に組み入れてるわけじゃない。ホントありがたいし、だから「なんでこの人たち寝ないの」って興味が湧く（笑）。

――コアなファンがいっぱいいましたよね。どんな番組作りをしてたんですか？

まこと　自分が出ることが楽しいというより、「こいつ使ったら面白いな」って、自分自身をソースとして使っている感覚でね。自分をとにかくさらけ出して、自分が興味あることはこれだよ！とか、逆にリスナーさんに「お前、何言ってんの？」って怒ったり。裸一貫で向かっていたら、コアなファンができた。

――『Makoto Savanna』ってまことさんにとってどんなものでしたか？

まこと　遅咲きの青春かな。あのね、学校だと思ってるのよ。ロケが体育で、編集が図工。それでいうとラジオは放課後だね。いっちばん楽しい時！　だから打合せは社会科で、ナレーション書くのは国語。テレビでもラジオでも一緒に番組を作ってるスタッフたちはキャラ強めのクラスメートたち。

――テレビのプロが見る、ラジオの魅力って何でしょう？

まこと　コトバが一番届くメディアなんだろうな。テレビは映像だからいろんな装飾が入ってくるけど、ラジオはシンプルでソリッドにすればするほど、それが好きな人がはっきり見えてくるし親密だよね。だから人の心の生活リズムに入れる。

――ラジオは落ち目なんて言う人もいますけど…。

まこと　ラジオが落ち目？　いや、ラジオは残るんじゃないの？　もちろんカタチは変わるかもしれないけど、人の話を聴きたいってみんな思うから。それは作り手の使命というか、聴いてくれる人がいるなら、終わらせないための努力を続ける。

――またまことさんのラジオ聴きたいな〜。

まこと　やりたい！　やりたい！（笑）。自分の年齢に応じた興味で、こういうものをご用意しました、って。

――リスナーに迎合しないところもいいんですよ。

まこと　合わせる必要ないでしょ、ラジオは。もちろん枠組みは必要だけど、味は変えないっていうか。焼き鳥のタレと一緒で、年齢を重ねるように付けダレを継ぎ足し継ぎ足ししていけばさぁ、もっとこうおいしくなってくるわけじゃない。そのおいしさを分かっている人たちが今、聴いてくれてる。「あそこおいしいよ、評判の店だよ！」って口コミから「食べてみようかな」っていう新しいリスナーも出てくるんでね。

さとうまこと

テレビディレクター、ラジオパーソナリティ。1972年、新潟市生まれ。大学4回生の時にテレビプロデューサー・テリー伊藤に師事。アシスタントディレクター（AD）として厳しい修行を経て、『ねるとん紅鯨団　芸能人スペシャル』（フジテレビ）、『所さんのこれアリなんじゃないの！？』（テレビ朝日）などのバラエティー番組制作に携わる。1998年新潟へ帰郷。テレビ制作のほか番組出演、ナレーションやイベント司会も手掛ける。2009年7月～2017年9月まで『Makoto Savanna』（FM PORT）ラジオパーソナリティ。

マッスル坂井

MUSCLE SAKAI

社長でプロレスラー、テレビもラジオもこなし、高校時代にはビッグコミックスピリッツの努力賞まで受賞したマルチな坂井さん。過去に何度か番組にご出演いただいていますが、いつも事前に私の近況を念入りに調べてくるので、いつの間にかどちらがインタビューされているのか分からなくなり、放送で喋るつもりはなかったことまで喋らされてしまいます。強くて優しい「真のオノコ」です。

マッスル坂井
本名、坂井良宏。1977年生まれ、新潟県出身。DDTプロレスリングでのデビューを経て2004年、別ブランド『マッスル』を旗揚げ。プロレスの概念を打ち破る演出を次々と繰り出し、人気を博す。2010年、実家の金型工場を継ぐため引退するが、2013年にリング復帰。正体不明の覆面レスラー「スーパー・ササダンゴ・マシン」としても秘かに活動している。『八千代コースター』(NST新潟総合テレビ)、『アフター6ジャンクション』(TBSラジオ)レギュラー。

なんなの!?　プロレスって

――マルチに活躍されていますけれども。

坂井　まぁマルチビジネスといいますか、ネットワークビジネスというか、はい。

――本業は何なんですか?

坂井　本業?　本業はその責任感の大きさからいったら、実家の金型工場が一番頑張らなきゃいけないところだと重々思っていますよ。

――社長ですよね?

坂井　社長なんですよ。従業員40人いるんですよ。まずい事態なんですよね（笑）。でも従業員の皆さんがしっかりしてるので助かっております。

――社長で、プロレスラーでもある。

坂井　そうです。大学時代にたまたま観てたプロレス中継にドハマリしちゃって。スポーツなのか演劇なのか、格闘技なのかバラエティーなのか分からない世界で、面白い人たちが変な髪型、変な格好して罵り合ったりしてる。試合で罵り合っているくせに、同じバスに乗って同じホテルに泊まって同じご飯食べて、家族より長い時間を一緒に過ごしてるわけじゃないですか。どういう神経してるのかなって（笑）。さっきまで殴り合ってた人たちが、通路挟んで隣同士で座ってたりするわけでしょ?　ただのスポーツでもないし、ただの格闘技でもないっていうところに、ものすごく興味を惹かれて。

社長業に支障をきたすラジオ好き

――坂井さんといえば新潟ではテレビでご活躍ですが、全国放送ではラジオをやってるんですよね。

坂井　月一回、RHYMESTER（ヒップホップグループ）の宇多丸さんがやってる『アフター6ジャンクション』（TBSラジオ）という番組で、毎月30分ぐらい駄話をしてます。

――坂井さん、すごいラジオオタクなんですよね。

坂井　中学生の頃は自分の部屋にテレビがなかったこともあって、ラジオを聴いてることが多くて。ニッポン放送の『オールナイトニッポン』とか伊集院光さんの『Oh!デカナイト』っていう番組が好きで、大きなCDラジカセでアンテナの角度を調整して聴いてました。

――録音もしていたんですか?

坂井　はい。いまだに僕のパソコンに、極楽とんぼの『吠え魂』（TBSラジオ）っていう深夜番組が何百回分、全部入ってます。それが入ったiPodも捨てられないで、どこかにあるし。そして今は、……困ってますね。

――困ってる?

坂井　「ラジオ聴いている暇があったらもっと早く納品できるんじゃないですか」って言われるくらい、聴いちゃって。

――（笑）。でも、投稿したことはないんですってね。

坂井　ラジオは投稿するもの、っていう概念が自分の中にあんまりなくて。みんなラジオパーソナリティをある程度身近に感じていると思うんですけど、自分は反対で、むしろはるか遠くにいる存在が語りかけてくる感じで、こっちからは届かない。憧れが強すぎるんでしょうかね。そして僕ね、〝ながら聴き〟ができないんですよ。耳をパラボラアンテナのように、ダンボのようにして聴くんです。

――集中して聴いてると。恐ろしいリスナーですねぇ(笑)。

坂井　逆に、投稿する人は聴きながらいつ書いているんだ、って思うんですよ。送る人っていうのは、聴きながらメールを書いて送信してるわけですよね。その手かずが信じられないというか。

――坂井さんはたぶん、構成側、プロデューサーの視点なんですよね。そんな坂井さんが面白く思う番組って、どんなものですか?

坂井　ラジオってパーソナリティの魅力とそれを支えるスタッフ、そしてリスナーの三役そろい踏みで、初めて面白い番組ができる。一人で喋って一人で放送してるだけなら、正直、ポッドキャストとかYouTubeでもいいわけですよ。例えば平日の午後、新潟の街を気軽に歩くのにふさわしい格好があるように、ラジオのパーソナリティにも、平日の午後に新潟の街を歩くような言葉の装いというか、雰囲気が必要。本音と建て前のTPO、出すとこは出して隠すところはしっかり隠す、というようなバランスがね。リスナーに身近なラジオとはいえ、丸裸で街を歩くように、何もかもぶちまけてしまう放送はできない。かといってフォーマルなスタイルで歩かれても、カッチリしすぎてリスナーは付いていけない。リスナーからの投稿は合わせ鏡で、パーソナリティの身だしなみや露出を踏まえた投稿内容になってくると思うし……。このたとえ話分かります? そのさじ加減が上手な人が、パーソナリティとしてすごく魅力的だと。ね、遠藤さん(笑)。

腹筋崩壊の深夜帯ラジオ希望!

――今のラジオ業界をどのように見ていますか?

坂井　若いディレクターが、少しずつ出てきてる感じがしますね。フォーマットはあくまでも番組そのものを立ち上げてきた40代の人たちのものなんだけど、その中のコーナーを一本丸々、20代の、2、3年目のキャリアの人たちが担当している。本来なら東京で活動してもおかしくない人たちが新潟を選んで新潟で仕事して、新潟でもできるよなって気付いてる。地方ならではのいろんな制約はあるけど、戦い方とか仕事の仕方を工夫してね。それこそ、さとうまことさんのようなパイオニアがやってきた仕事を、若い人がちゃんと見て作ってるんだなと思います。これまで新潟ってテレビもラジオも、Uターン組が支えていたところがあるじゃないですか。だけど、新潟生まれ新潟育ちのディレクターたちが面白くしてくれる時代がもう来てるし、さらにそれが加速するんだろうなって。BSNラジオもめちゃめちゃ若い人、いますよね。ディレクターとかADとかそんな明確な区分なく、みんながみんな楽しそうに自然に仕事してて、すごくいい雰囲気だと思う。

―― 私も一回、東京に出ましたけど、当時、面白いものは全部東京にあると思ってました。

坂井 僕もカルチャーとかエンターテインメントの先端って東京にしかないと思ってたけど、だんだん、そんなこともないのかなって。東京だとできないことが、新潟でできたりね。

―― 新潟で作る良さってどんなところだと思います?

坂井 東京では明確にターゲットを決めて番組を作ることが多いんです。これは40代以上向け、こっちはビジネスマン向け、あれは年収900万円以上の人向け、とか(笑)。でも新潟はそこまで決まってないですよね。遠藤さんのラジオも小学生の女の子から70~80代の方まで幅広く聴いている。聴取者が多いのは東京の全国放送かもしれないけど、間口が広いのは圧倒的に新潟の番組ですよ。SNSをやっていてイベントに直接会いに来てくれる人もいるから、受け取る側の人の顔が見えやすく、作る側も想像して作れる。

―― まだまだラジオは終わりませんよね!

坂井 テレビより、ラジオのほうが伸びしろがあるなって思います。

―― 今後、坂井さんがラジオをやるとすれば、どんな番組を?

坂井 深夜帯ですね。深夜帯ってやばくないですか!? プライベート皆無じゃないですか(笑)。とにかく下世話で、みんなでゲラゲラ笑えるような番組が作れる。聴く人を巻き込んで、ひたすら笑ってるうちに1時間2時間経っちゃうような番組がいい。それがひょっとしたら僕、得意かもしれないって思います。

【ラジオこぼれ話】
坂井：ここじゅんさい池公園で、河童を見たことがあるんですよ。
子どもの頃に。
遠藤：信じる!

坂井：僕今50キロのものしか載せちゃいけない小さい
椅子に座ってるんですよね。
遠藤：体重何キロあるんですか?
坂井：120キロあります。ここで取材してるのを
麻理さんのリスナーの方が気付いて椅子を2つ、
自宅から持ってきてくれたんですよね。
遠藤：それまでは立ち話でした。ありがたいですねえ。

坂井：蚊に刺されたとこ、かゆいですか?
遠藤：かゆいんですよ(左手首をかきながら)。
坂井：僕もここ左ほっぺ刺されて
腫れてきてるんだけど痒くはない。シールを貼れば大丈夫。

立石勇生

TATEISHI YUKI

サッカーの実況を独学で会得。
生放送が終わると、自分で機材を手配して
練習場に取材に向かう現場主義の喋り手です。
アルビレックスの選手たちから、インタビュアーとして
指名されることが多いというのもうなずけます。
とにかくしっかりしてるので、一緒に仕事をする時は、
年下の彼におんぶにだっこになってしまいます。

「シャー」やった？

―― 閉局して、その後どうだった？

立石 もともとラジオが好きでパーソナリティを始めたっていうより、音楽が好きで、ご縁があってFM PORTで、なんかヒョイっと始めちゃったから。ラジオへの愛着っていうよりPORTへの愛着がすごく強かった。閉局後も自分のラジオ生活が続くとなっても、なんかうまく気持ちの切り替えができなくてね。麻理ちゃんもそうだと思うけど、必ずこの時間に起きて、家を出なきゃいけないみたいなのが染みついてるというか、しばらく抜けなかった。

―― PORTでは何年やったんだっけ？

立石 17年。毎日のようにラジオ番組やらせてもらうのが当たり前で、急にそれが抜けたら不安でしかなくて。だから6月の後半から、ラジオと並行してやっているスポーツ関連とか他のお仕事を、なるべく7月中にたくさん詰め込んで、余計な事を考えないようにしようと。まぁそういう意味では、状況をあまり変えずに走り続けたのは良かったんだけど、今となっては、もうちょっと休みたかったかな(笑)。

―― 私はね、最愛の人にいきなり別れを告げられたような気分だったの。ものすごい喪失感。まさか局が無くなるなんて思ってなかったし。

立石 番組が打ち切りになるのとは違うけど、考え方によってはフリーでやっている以上、いつ仕事が無くなっても不思議じゃないとは思ったの。だけど7月はダメだったなぁ。7月に「PORT聴いてたよ」って言ってくれる人と、すごくいっぱい出会ったわけ。初めてちょっと寂しくなったというか、切なくなって。やってるうちに言ってくれたらいいのに(笑)。

―― ほんとにさ、79.0に合わせると「シャー」っていうんだもんね。

立石 「シャー」はね、やった。

―― やったよね！

立石 「シャー」やった！

―― 私なんて何回もやったよ！

立石 俺、ちょっと逆に嬉しかったのが、6月30日に閉局特番があって、局を後にしたのが深夜の1時半ぐらいだったんですよ。で、まぁスタッフと「ちょっと何か食べない？」って、コンビニでおにぎりと缶ビール買ってさ。なんやかんやで2時半頃にタクシー拾ったの。そのタクシーが「シャー」だった。

―― へぇ～～～っ。

立石 番組終わってもう2時間半経ってるでしょ？ なのにカーステ見たら79.0になってて、こっちもちょっとお酒入ってるから、「運転手さん、ラジオどうしたんですか？」って聞いたら、「いやぁ、コレずーっと好きで聴いてたの。お兄ちゃん知らないかもしんないけどね、さっきラジオ局が終わちゃって、まだ切り替えられないんだ」って。

―― や～、泣ける～。

立石 その「シャー」にすんごいグッときて。

―― 言わなかったの？ 「僕、立石勇生です」って。

立石 言わなかった。言うタイミング逃しちゃって(笑)。

メディアサポーター立石勇生

―― 今はどんな生活？

立石 週一回のBSNラジオ(『立石勇生 SUNNY SIDE』)とスポーツ関係の仕事をしながら、新しく「北雪メディアサポーター」という肩書で、北雪酒造のお酒の試飲販売をしたりSNSで広める活動を始めたの。

―― 北雪さんとは、付き合い長いのよね。

立石 そう、『Mint Condition』(FM PORT)の中の「はずのみ」ね。北雪酒造の羽豆会長と12年くらい一緒に番組をやってきて、20代半ばの頃からすごく可愛がってもらってるの。閉局が決まってその報告とお礼の電話をしたら、いつもの感じで「立《たて》ちゃん、これからどうすんの？」って。「まだ3カ月残っているし、しっかりやり終えてから考えます」って言ったら、「これからも何か一緒にやれたらいいね」って言ってくれた。そういう縁は大事にしたいし、ご恩もあるし、じゃあ自分が今後ラジオの仕事を続けることを踏まえた上で、北雪に貢献できることって何だろうと考えて。文書にまとめて6月上旬に持っていって、採用された。

立石勇生
1979年、新潟市生まれ。ホテルマンやショップ店員などのサービス業を経験後、2003年よりFM PORTパーソナリティに。代表番組『Mint Condition』。Jリーグ・アルビレックス新潟のラジオ中継や、B.リーグ・新潟アルビレックスBBのホームゲームではアリーナMCを務めた。20年8月、BSNラジオ『立石勇生 SUNNY SIDE』開始。現在は北雪酒造(佐渡市)のメディアサポーターでもある。

――あんた、そういうカッチリしたとこあるよね。

立石　それでびっくりしたのは、付き合いのあった他の酒蔵の社長さん何人かから、「日本酒業界にようこそ」ってメールや電話がきてね。「いやぁ、すみません。実は北雪の肩書がついて活動するんです」って返したら、「いい、いい。そんなの関係ない。一緒に頑張ろう」と。日本酒業界って他県だと蔵同士でいがみ合いもあるらしいんだけど、新潟は酒の陣をやっていることもあってか横のつながりがすごくあるんだね。皆で業界を盛り立てようという気持ちに感動したし、今はすごいやり甲斐があるね。

他者を〝引き寄せる〟人柄

――いつも飄々としているけど失敗ってある？　挫折とか。

立石　小さい失敗を入れたら数えきれないぐらいあるけどなぁ～。挫折？　挫折は……ないかも。

――よく石垣島に行くのは？　なんで行き続けてるの？

立石　沖縄本島がもともと大好きで、たまには離島に行ってみようっていうほんの思いつきで、妻と結婚前に旅行に行ったんですよ。そしたらたまたま、当時バスケの新潟アルビレックスBBにいた長谷川誠さん（現在は3×3日本代表アソシエイトコーチ）が空港にいたの。長谷川さんも石垣が好きで、オフシーズンには毎年のように行ってたらしいのね。で、「俺、彼女と初めて来たんすよ」って言ったら、長谷川さんが石垣の友人に電話してくれて、「友達の立石ってヤツが来たから、お前ら面倒みてやってー」って。そしたらその10分後にはその友人が迎えに来てくれて、観光地も夕飯場所もガイドしてくれたんだよね。結局、初日の夜は初対面の人たちに囲まれて、15人ぐらいで飲んでね。そこまでもてなしてくれたら、海が綺麗なのはもちろんなんだけど、やっぱ人を含めて好きになるじゃない。以来、必ず年に2回のペースで行くようになった。向こうの文化ですると、「お帰りー」って、またその友人たちが来てくれる。どんどん飲み会の輪が広がって、俺、現地のミニバス大会の打ち上げで、乾杯挨拶とかしてるから。「皆さん、今日はお疲れ様でした！」って（笑）。

――そうなるともう第2の故郷だね。今年（2020年）は行けた？

立石　初めて一年以上行けてないね。お陰で最近、"島行ってないアレルギー"になって、じんましんが出始めてる。

――移住は考えていない？

立石　マジで考えた。それこそ妻と「老後に住めたらいいね～」とか話をしてたから。もしかしたらＰＯＲＴ閉局が前向きに動くきっかけになるかもって本気で考えたんだけど、まぁいろいろあって一週間ほどで挫折した。

――あ～～、あった！

立石　挫折！（笑）。

――すると、今の立石勇生の肩書って何？

立石　え～っ？　肩書ね～。なんだろうなぁ～（少し沈黙）。う～ん、今までの仕事のスタンスを考えると、わりと先輩に甘え、可愛がってもらい、周囲の人たちが動機付けをしてくれて、それを形にする仕事をやってきてるから……コバンザメっぽい？

――コバンザメ（笑）。

立石　大きいものにくっついて、良いとこだけもらって（笑）。幸運そのものだし感謝しています。ゼロから何かを生み出すことはなくて、それは多分、今後も変わらないのでクリエイターにはなれない。でも発信者には、なれてる。

――うん。

立石　……はず。

――のみ（笑）。

立石　ていうのを考えると、やっぱ長いものに巻かれているんじゃないですかね。良く言えば自然体。

――や～、いいじゃない、コバンザメ。石垣島の海にもいっぱいいるよ～。

立石　他に良いの、何かないかなぁ。

――また思いついたら教えて。

立石　そうします（笑）。

【ラジオこぼれ話】

遠藤：占い師のゲッターズ飯田さんに、ようやくこれから運気が向いてくると言われてたよね。
立石：はい。7年半、闇だったそうです。でもここから「仕事運は一気に上昇します」と。
遠藤：でも、色白の巨乳に注意しろって言われてたよね（笑）。あと、キスがうまいとも。それはどうなんですかぁ？
立石：試してみます？（笑）。
遠藤：（笑）。試してみます？
立石：いやいやいや。勘弁してください（笑）。
遠藤：おーい！　あんたが言ったんでしょ！
遠藤：リスナーと一泊ツアーなんか行くと、一緒にお風呂にも入るんだって？
立石：入る。全然入る。
遠藤：全裸で？
立石：当たり前じゃん（笑）。風呂も入るし、イベントの後、二次会行こうとか。
遠藤：亀田の袋津仲間かよ！
立石：でも、逆に怒られることの方が多かった。あんまり勝手な事するなって。でもまぁそこは良いんじゃない？自分、立石はこういう人間だからって開き直って。

※立石さんは新潟市江南区袋津の人たちと仲良し

大杉りさ

OSUGI RISA

これまで接点がなかったにも関わらず、ご本人がいないところで馴れ馴れしく「りっちゃん」と呼び、いつか会いたい、ゆっくりお喋りしてみたいと切望していましたが、この度ついに実現しました！

純白の肌と透明感、華奢な身体からは想像できない数々の酒豪伝説。

そしてきっぷのいい姉御肌。ギャップ萌えで〜す。

証券会社で人柄を売ることを覚えて

—— 放送業界に入る以前は、証券会社にいたんですよね。

大杉 オーディションを受ける94年までだから、丸3年ですね。のちに倒産してなくなった大手証券会社に勤めていて、いわゆる証券レディをしていました。私はバブル後入社でしたけど、バブル期は、証券会社はどこも好調で、若い社員のセールスでも、株や投資信託などが売れていました。実際、知識が少ないまま金融商品を購入していたお客様が多かったようなんです。それがバブル崩壊で全部、値下がりしてしまった。だから私たち新入社員は新しい商品を売るというより、お客様の元本を戻すにはどう商品を組んだらいいのかと、補填の業務が中心で、つらいこともありましたけどやり甲斐があって面白かった。上司の皆さんは県外から来た方ばかりで、「新潟のお客様は○○証券会社という企業規模についてくるんじゃない。営業マンにつくんだ」と言っていました。「信頼してもらうにはやっぱり、人柄を売らなきゃだめ。新入社員のあなたたちが売りに行ってもお客様は損もしているし、皆さん、扉を閉じてるから。まずは心をほぐして仲良くなってから、証券の話をしなさい」と。

—— 人柄を売るのはラジオと共通ですね。

大杉 確かに、パーソナリティの仕事につながるきっかけだったかもしれない。人と関われるような仕事ができたらいいなと思って、退職後はBSNのオーディションを受けました。

—— オーディション、どんな様子でした？

大杉 午後1時頃に集合・開始で、私の番が回ってきたのは4時半ぐらい。応募者が大勢いたんですよね。試験はマイクで喋っているので控え室にも聞こえてきて、あぁこんな質問されてるんだ、窓の外の景色をリポートしてるんだ、と分かる。それで自分も「こんなことを言おう」と準備するんだけど、日が暮れて状況が変わってくるから、考えたことが使えない（笑）。

—— そこが一番求められるところですもんね。

大杉 確かに、仕込んだネタが使えなくなるのはラジオでよくあるし、瞬発力は大事。でもその日なにより、5階の広い会議室で情景描写したのがすごく気持ちよかったんですよ。アナウンスの養成学校を出た人たちもいる中で、ずぶの素人の私が窓の外の景色を喋って、結果はどうあれ、すがすがしいなぁと。

頑固で人見知りな性格は是か非か

—— 旦那様は同業者※で、しかも別局の方。どんな出会いでしたか？

大杉 BSNとFM KENTOが同時生放送をして、それぞれ代表のパーソナリティとして会いました。キリンビールさんの提供番組で、海でビールを飲みながら放送したんですよね。楽しかったし、そ

※FM KENTOでナビゲーターも務めていた、同社代表取締役社長・逸見覚さん

大杉りさ
1971年、新潟市秋葉区生まれ。証券会社に就職後、1994年、BSN新潟放送のラジオ中継車「スナッピー」のリポーターとして採用され、「りっちゃん」の愛称で親しまれる。以後、『かぎとみ徹のGo!Go!パラダイス』『ハロー!!ジャンボサタデー』など、主にラジオで活躍。現在はBSNラジオ『Rcafe』パーソナリティ、UXテレビ『ナマ+トク』金曜MCを務める。

こで仲良くなって。

―― どこに惹かれたんですか？

大杉 私たち性格が全然違うから、それは大きいかもしれません。彼は自分を出すのが上手で、すごく社交的。友達がたくさんいる「ザ・AB型」。私はそういうの、人見知りでできない（笑）。その上、私は頑固なところもあって、頑固で人見知りならこんな仕事できないじゃんって思うけど、それを職業にしちゃってる。なんでしょう、この相反する感じ（笑）。

―― で、旦那さまと会った時のことですけど。

大杉 すごい聞いてきますね〜！ まりちゃん、前のめりです（笑）。

―― 普通、対抗するでしょう？ 私のほうが喋りが上手いとか、僕のほうが面白いとか。

大杉 全然そんなことは考えなかったですね。付き合っているときはお互いの放送は見に行かなかったし、意見し合うこともなく。

―― 一切、家庭に持ち込まないんですか、マスコミ夫婦なのに。

大杉 仕事に向き合ううち、彼は経営の方に主軸を置いたし、ラジオを使ったマルチメディアに興味が移っていったから。業界を知っているからこそ、言わないところがあるのかもしれません。逆に、旦那さんが異業種というパーソナリティの方に憧れを抱いてます！

―― なぜですか？

大杉 旦那さんがラジオのキラキラした部分をそのまま受け止めてくれて、褒めてくれる（笑）。「大スポンサーの番組をやっててすごいね〜。友達にも"奥さん頑張ってるね！"って言われるよ〜」って。パーソナリティやアナウンサーという仕事を無条件に認めて愛してくれる家族、良いと思いません？

―― 首絞めてでも褒めてもらいましょうね（笑）。

相手の気持ちを汲んで導くこと

―― ラジオとテレビの違いはどんなところでしょう？

大杉 テレビは短距離走で、一つの言葉を話すにしてもぎゅっと要約して伝えるけれど、ラジオは長距離走で、装飾をたくさんつけながら話をいかに広げて届けるか、かな。今もらったメッセージに対して自分の経験の引き出しを開け、この人の心に寄り添うためにこの言葉やエピソードを使ってみよう、と。そういう頭の使い方がラジオには必要ですね。

―― これからもずっと、ラジオはやっていきたいですか？

大杉 『Rcafe』（BSNラジオ）の「こどもパーソナリティ」の応募がとっても多くて、4カ月くらい先まで埋まってるんですよ。祖父母や親御さんが「うちの子を出演させたい」と思ってもらえるラジオ番組で、実際に子どもたちと一緒に楽しく放送できるのは、私もスタッフも嬉しいですよね。今後も可能ならば続けていきたいなぁって思います。

―― 「こどもアナウンス発声協会指導者」の資格を取得されたんですよね。

大杉 プロ向けの資格で、子どもたちに話し方や伝え方、日本語の音を学んでもらうというものです。学校に授業に行くんですけど、今年（2020年）は感染症拡大の影響で子どもたちを集めることができなくて。残念ですけど今後また、還元できる時を待ちます。

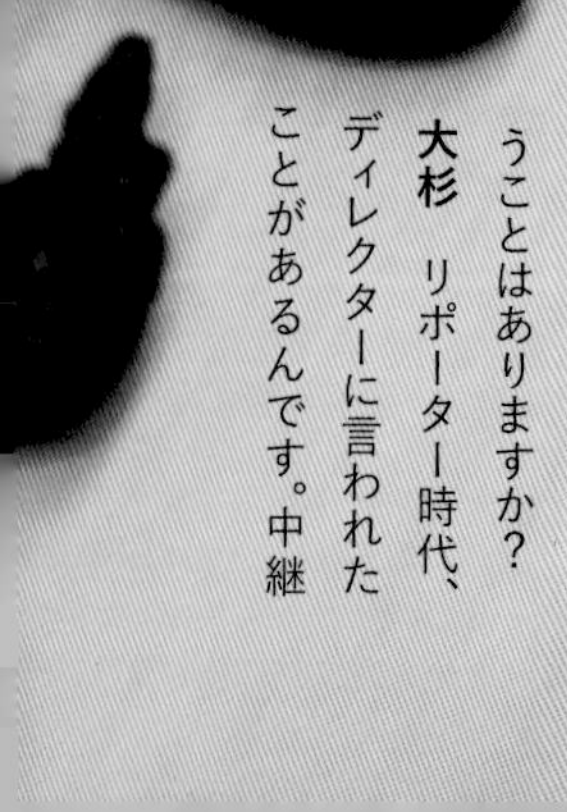

―― 日々の放送で思うことはありますか？

大杉 リポーター時代、ディレクターに言われたことがあるんです。中継先で私が、リポートした人に「最後にメッセージを」みたいなことを得意げに言ったの。帰ってきてから「何だったんだあれは！」って、すごく怒られて。「オンエア前に出演者と打ち合わせをして、伝えたいメッセージを引き出してあげるのがあなたの仕事なのに、それを『メッセージください、はいどうぞ』と投げかけるのは、リポーターとしてどうかと思うよ」って。以来、それがずっと心の中にあって、しっかり台本原稿が揃っていても、スタジオに来てくださる人たちには、引き出す努力をずっと続けていかなきゃ、と思う。アーティストが来るとよく「新潟の皆さんにメッセージを」ってお決まり的にやっちゃうけど、本来なら自分のトークで相手の語りたいことを導き出さないと。

―― わっかる！ 同感です、よくぞそこを突いてくれました。「最後にメッセージを」って投げたとしても、「もうありません、全部喋っちゃった」って言われたら、私たち、嬉しいですよね。

大杉 今やそれがラジオの締めの定番みたいになっているけど、そうじゃない放送をね。こどもパーソナリティのコーナーだと、「最後にメッセージを」って子どもに言ってもそれは彼らにはできないから。私が上手にできることって、そんなにたくさんないけれど、いつか自信を持って皆のメッセージをちゃんと引き出して伝えていけたらいいなと思いますね。

【ラジオこぼれ話】

遠藤：どれくらい飲むんですか？

大杉：どれくらい？　それは時と場合…。

遠藤：毎日飲みます？

大杉：毎日飲みます。

遠藤：そうなんですね（笑）。

大杉：毎日飲む（笑）一日の終わりはお酒飲んでリセットする。

遠藤：けじめですよね。

大杉：そうですよね。けじめね。

遠藤：りさんと同期の智香ちゃん（佐藤智香子）に聞いたんですけど、「アナウンスのことはみんな一斉にスタートだったけど、りっちゃんは社会人経験があったから社会人としての心得的な注意を受けた（笑）。厳しく教えてもらった」って。

大杉：注意した？　ほんとお？　何を教えたんだろう？（笑）。

「近藤丈靖の独占！ごきげんアワー」日替わりアシスタント

GOKIGEN HOUR ASSISTANT

毎日違った個性で番組を盛り上げている、ごきげんアワーのもう一人の主役たち。寧々さんに萌え、みずほさんに励まされ、知子さんには感動し、佳世さんには笑わせていただいてます！

行貝 寧々

2019年、BSN新潟放送入社。担当ラジオ番組『歌のない歌謡曲』、『近藤丈靖の独占！ごきげんアワー』（月曜出演）。テレビ番組『水曜見ナイト』、『ワンダフル競馬』など。

ラジオとの出合いは小学生の時。カセットテープ用のラジカセのアンテナを伸ばすと、番組が聴けることを発見しました。音楽を聴くことが好きだったわたしは、ラジオからお気に入りの音楽をどんどん見つけていきました。あの時ラジオと出合っていなければ、こんなに音楽を好きになっていなかったかもしれません。

そして、音楽への興味が増すのと同時に、ひとりの時間を楽しくしてくれるパーソナリティがどんどん好きになっていきました。ラジオを聴く時間はひとりでいても充実しているんです。

いまアナウンサーとして、大好きなラジオに毎日のように関わっています。憧れだったパーソナリティとなることに不安

毎週火曜日の朝、目が覚めると「今日はみんなに会える日だ！」と遠足に行く子供のように気分が高揚するんです。「みんな」とは近藤丈靖アナウンサーはじめ可愛い女性ディレクターやADさん、いつも私たちの声を電波に乗せてくださる音声さん。そして、ごきげんリスナーの皆さんです。

私はアシスタントとして近藤さんの正面に座り10年あまりが経ちました。なんだか信じられない長さです。この間、さまざまなことがありました。印象的なことは東日本大震災。私は実家のある宮城県仙台市から、被災地の様子を中継で入れさせていただきました。すると新潟リスナーさんたちから温かい激励のメッセージがたくさん届きました。BSN宛

水島 知子

千葉県柏市出身。佐渡テレビジョン、BSN新潟放送でアナウンサーとして勤務。出産を機にフリーアナウンサーへ。担当ラジオ番組『近藤丈靖の独占！ごきげんアワー』（水曜出演）。ヨガインストラクターとしても活動中。

「怖い」。ラジオ番組を初めて担当した時、私が思った正直な感想です。BSN新潟放送でアナウンサーとして、テレビ中心にお仕事をしていたある日、『昼ラジ』という番組を担当することになりました。パートナーは、お笑い集団NAMARAの江口歩代表。若かった私は、ラジオで江口さんと組むという危険性を全く予測できませんでした！（笑）。江口さんが突然連れてくるゲスト、暴走する発言、台本通りに全く進まず、ラジオで話すことが怖くなりました。しかし、私の息づかいや間などで、状況を理解し、励ましてくれたのはリスナーさんでした。皆さんの想像力に驚き、ラジオは全てが伝わってしまうメ

ラジオって面白いですよね！ テレビのニュース番組を担当していた頃は、ほとんど携わることがなかったラジオの世界。その楽しさを知ったのは、局を退職してからでした。

私が感激したラジオの魅力は3つ。一つ目は「自由であること」。テレビの世界と違って細かい台本が無く、その場の空気感で右に行ったり左に行ったり自由に展開することができるのです。「寄り道が楽しい」…そんな感覚と同じかもしれません。二つ目は「双方向を超えた多方向性」。これには感動しました。喋り手とリスナーさんとのやり取りに留まらず、A

がなかったと言えば嘘になりますが、こんなわたしを受け入れてくれるのがラジオ。リスナーの皆さんに支えられ、収録やオンエアがいつも楽しみでなりません。

　月曜に出演している番組『近藤丈靖の独占！ごきげんアワー』には、東京出身のわたしが生徒となって新潟弁を勉強するコーナーがあります。わたしは「飲み込みは早いけど、復習をしっかりしてこない生徒」（笑）。素の自分に近いのかもしれません。多くのリスナーさんがこのコーナーを楽しんでくれています。アナウンサーというより行貝寧々を受け入れてくれたと感じ、嬉しくなりました。

　パーソナリティとリスナーの気持ちがつながるのがラジオです。わたしもあのとき憧れたパーソナリティのようになれるよう、これからも頑張っていきたいと思います。

　そせばまたね〜!!


てに生活物資を送ってくださった方もいらっしゃいました。

　自分の体の中に「がん」が潜んでいることが分かった時、スタッフの皆さんと相談して「ここらでちょっと体のメンテナンスをしてきます！」という謎のコメントを残して長期休業に入りました。心配してくださる方に本当のことが言えずとても心苦しかった。そして治療のめどがついた約2年後、再び近藤アナとマイクの前に座れた時「ここに帰ってこられた」喜びと、リスナーさんたちからのパンクしそうなくらい熱い「お帰りなさい」のメッセージに、放送中涙を堪《こら》え切れませんでした。

　パーソナリティはラジオの前で同じ時間を過ごしてくださる皆さんを、少しでも笑顔に、楽しい気分にしたいと、日々お喋りをしています。でも実は心が救われているのは私たちなのです。何年経っても火曜の朝、目が覚めた瞬間から嬉しくなることができるのは、ラジオが人の心をつないでくれる一番身近なマスメディアだからだと実感しているからです。

伊勢 みずほ

宮城県仙台市出身。フリーアナウンサー。趣味は猫と昼寝、海釣り。お魚マイスターアドバイザーの資格を持つ。担当ラジオ番組『近藤丈靖の独占！ごきげんアワー』（火曜出演）。テレビ番組『水曜見ナイト』（MC）。共著に『〝がん〟のち晴れ　〜キャンサーギフトという生き方〜』（幻冬舎文庫）がある。

ディアなのだ、という事を体感しました。

　そして、失敗や弱みを隠そうとしても無理なので、できるだけ正直に伝えよう、と心掛けるようになりました（結果的に江口さんには、とても感謝しています！）。

　失敗や弱みが、かえって「強み」になるかも…、と思ったのは、『近藤丈靖の独占！ごきげんアワー』のアシスタントを務めるようになってからです。完璧なアナウンス技術を持ち、七色の声を使い分ける近藤アナは、「ここまで言って大丈夫？」ということまで自分の弱みをさらけだします。そこから笑いや共感が生まれ、「ごきげん」の輪が広がっていく。私も「ごきげん」が届けられるお手伝いをしたいと思っていたら、リスナーさんが見つけてくれました。そう、音程の外れた歌、いや、アレンジの利いた歌です（笑）。弱みは強みに、失敗は笑いに、寄り道こそ宝物になる。ラジオはそんな愛すべき世界です。


さんの投稿に対しBさんが直接反応のコメントを投稿し、会話する事ができるのです。ラジオはいろんな人を結びつける事ができます！　三つ目は「妄想に浸れること」。私にとって一番の魅力はこれかもしれません。視覚的情報が一切ない音だけの世界では、聴く皆さんの想像力で、その人だけの世界にする事ができます。どんな表情で話しているのか、どんな雰囲気なのか、自由に描く事ができます。だから私は「声の表情」を大切しています。「！」や「♡」「♫」のマークが声から伝わるといいなと思いながら話しています。

　そして声だけの世界をより楽しんでもらえるように、あるコーナーでは子どもになったり動物になったり、時には目に見えないバイ菌になりきったり、妄想の世界をお届けしています。ラジオの可能性はきっと無限大です。ラジオに出合えて本当に良かった！　そして、いつも元気と勇気をくださるリスナーさんに出会えた事にも感謝です。

　さてと、今日は何曜日!?

　ごきげんアワー木曜日が待ち遠しい!!

表 佳世

BSN新潟放送アナウンス部に入社し、夕方のニュース番組を約8年間担当。現在はフリーアナウンサーとして活動。担当ラジオ番組『近藤丈靖の独占！ごきげんアワー』（木曜出演）。

高橋なんぐ

TAKAHASHI NANGU

かわいい弟のようであり頼れる兄のよう、
ライバルであり同志でもあります。
「あの話、もっと面白くできるんじゃない？」と
トークにダメ出しをしてくれますが、
ヒントはくれても答えはくれない、
そんな良き先生でもあります。
常に真面目に面白いことを追求している
ストイックななんぐさん。
私も共犯者である「金曜天国」は
エンディングが始まると寂しくなる番組です。

俺が俺がと尖っていた若かりし頃を懐かしむ

— NAMARAに入ったのはいつ？

高橋 NAMARAは1996年の12月から準備をはじめて、翌年2月に正式始動ですね。僕は立ち上げメンバーで、あの時は15から16歳。FMKENTOも同じころに始まって生放送に出させてもらったり、BSNも高校生の時から出てました。テレビにも、NAMARAに所属するスーパー高校生みたいな感じで密着されたり。

— 今（2020年）は39歳で、芸歴23年。大先輩だ。

高橋 やめてやめて（笑）。

— 海外へはいつ頃行ったの？

高橋 20代の終わりから30代前半にかけて、二回。

— それは箔を付けたかったから？

高橋 箔というか、世間の評価と自分の中の感覚のズレですね。2008年にレギュラーが8本あって「やっと売れてきたね」と言われた頃には「このままじゃまずい」っていう感じになってました。2007、08年が自分の中では全く同じ一年だったんですよ。このまま続けてても新しいことは生まれないなと思って、全部捨てた。今なら考えられないけど僕、PORT、FM新潟、BSNラジオと3局同時にレギュラー持ってて、そんなの僕と宝石みのわさんだけですよ。2013年に帰国してもう一回、芸人を始めるってなって、今、ようやくここまで。

— 再スタートは東京で、という選択肢はなかった？

高橋 世界を一周してきたグローバルを、愛すべき新潟ローカルに還元していきたい。つまりグローカルです。以前はザ・若手お笑い芸人で「俺が俺が、あいつより俺」という考えが強かったけど、今の自分の真の喜びは「自分以外の何かのために」。それが今ナチュラルにできてるし、共感・共有してくれる方も多いんですよね。

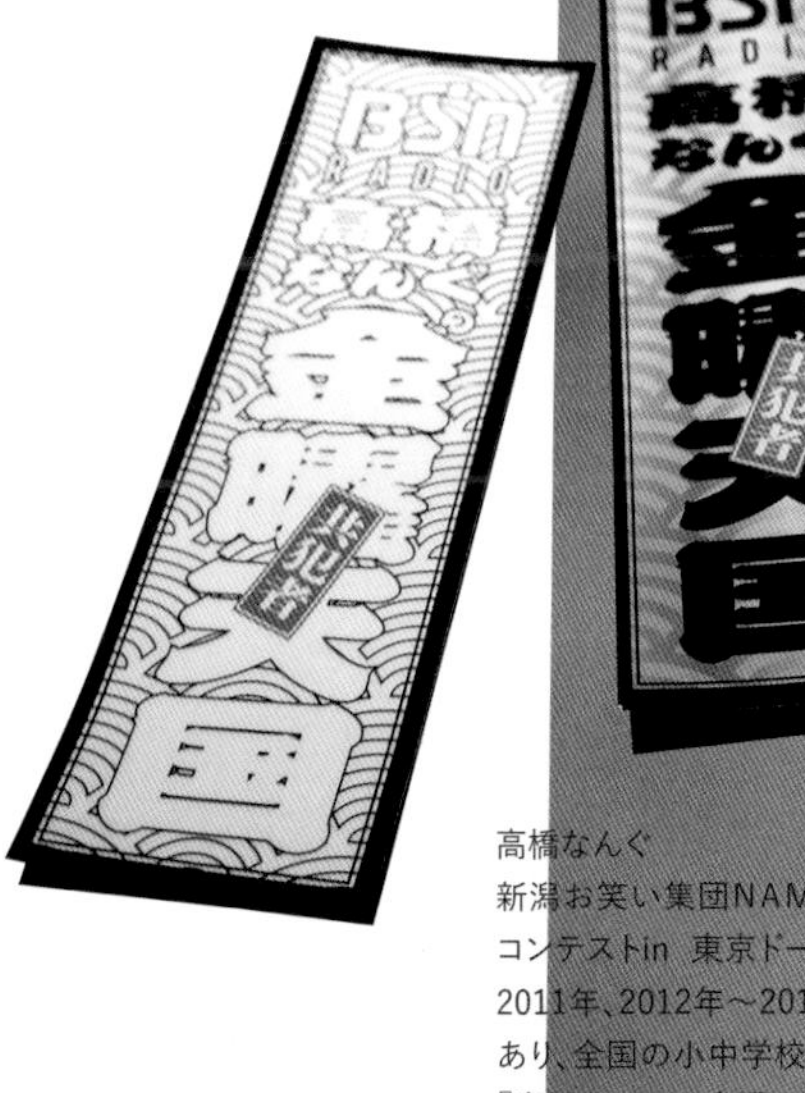

高橋なんぐ
新潟お笑い集団NAMARA所属芸人。1981年、長岡市生まれ。1996年、吉本興業主催「全国お笑いコンテストin 東京ドーム」で優勝。同年、中静祐介とヤングキャベツを結成（2011年解散）。2009年〜2011年、2012年〜2013年の2回、海外生活・世界一周を経験。教育系講演会「お笑い授業」の座長であり、全国の小中学校を中心とした教育現場での講演は1500回を超える。レギュラーにBSNラジオ『高橋なんぐの金曜天国』。著書に『米十俵〜高橋なんぐのお笑い授業』（新潟日報事業社）がある。

「得手不得手で言えば　ラジオ得意なの」

—ラジオの特色ってどんなとこ?

高橋　ラジオはテレビほど行き来が簡単じゃないと思います。聴き手もそこまでザッピングしないし、話し手も新潟って複数の局で気軽に喋れないでしょ、囲い主義というか。ほら、前に聴取率調査でBSNとPORTを電話で結んで麻理さんと喋ったけど、あれは僕と麻理さんの信頼関係があってできたことで、そもそも僕たち競ってないし、自分のセールスよりラジオ全体が売れればいいって発想だったから。そういうのをなんか、ぶっ刺していけるポジションにいるのは僕かなという思いがありました。あとラジオをやって感じるのは、テレビの視聴者1000人よりラジオの聴取者10人のほうが力ある、ということ。

—どういう意味で?

高橋　薄情じゃないんです。明日イベントあるから来てって言ったら、本当に来てくれる。だから分母は小さいかもしれないけど分子がでかいというか、それがテレビとラジオの受け手側の違い。ラジオのほうが、テレビより見える。気持ちが伝わるっていうか。

—『高橋なんぐの金曜天国』(BSNラジオ)、手応えはどう?

高橋　いい番組だと思うよ。でも僕、番組にめちゃくちゃ愛着はあるけど執着はない。来季で終了って言われても、そうですかって。だって生活かかってる感出てるパーソナリティ、必死過ぎて嫌でしょ(笑)。もちろん手応えはありますよ、得意不得意で言えば僕、ラジオ得意だと思います。

—得意というのは?

高橋　ラジオに出る時なるべく嘘をつかないようにしています。そもそもお笑いなんて嘘で、それをお客さんと共有するものなんだけど、番組においては嘘の共有だけではダメだと思ってる。でも今どきのサラリーマン芸人は次につなげなきゃとか、レギュラーなくなったらどうしようってなれば嘘もつくじゃん。さっきの執着の話にも通じるけど、僕は割とそこは強み。広告代理店の悪口言ってる時があるからね、生放送中に。

—聴いてて時々心配になる(笑)。

高橋　誰に心配されてんだって(笑)。それともう一つ、僕は好き嫌いだけでは話さない。アレのここが嫌いだけど、あそこはすごいと正直に言う。好き嫌いで判断して、そこで思考停止したくないんです。

情に厚いリスナーたちは心強い共犯者でもある

—ラジオに物申したいことはある?

高橋　PORTの閉局が知らされた日、日本一のラジオ雑誌を作ってる三才ブックスからの取材中だったの。そこに緊急情報が入ってきて、東京から来てた記者さんが「FM PORTがっ!? 愛知のRadio NEOもですよ!」って。その驚き様を見て「中央にもPORTのことが届いてたんだな」と嬉しかった。その反面、どの番組でもPORTの停波に触れないから、「僕の番組ではいじりますよ」って宣言した。僕の大好きな忌野清志郎さんの葬儀のときの、これまた僕が大好きな甲本ヒロトさんの弔事、これがまさに僕の気持ちです、と。「一生忘れないよ、短いかもしれないけど一生忘れない。数々の冗談ありがとう。PORTありがとう。PORTを支えたナビゲーターの皆さん、スタッフの皆さん、最高のラジオを支えてくれた皆さん、どうもありがとう」あと一つ残るのは、今でも寂しがってるPORTリスナーです。彼らには、ありがとうは僕は言いません。僕も

その一人だからです」って生放送で言った。そしたらいつも賛否、いや否否?を巻き起こす僕が、その時は賛賛だったの。僕、清志郎さんもヒロトさんもPORTも好きだから、それを評価してもらえてめちゃくちゃ嬉しかった。

――閉局後もPORTリスナーを救済してくれたよね。

高橋　毎週必ず番組内で遠藤麻理、モーゲーと言うね（笑）。あとはさりげなく、これはPORTをいじってるんだなって、知ってる人には分かるフレーズを入れ込んだり。純粋にこんな良いもの潰していいの?、潰れるとしても残るものもあるから、じゃあそれに対して何ができるの?と、そんな気持ちだった。いつも思うけど、僕も含めてリスナーって寂しい人が多いんです。そのくせ「孤独は嫌い、でも一人は好き」ってわがままで。

――私もだ（笑）。

高橋　だから放っておけない。一緒に怒って一緒に泣いて、何より一緒に笑いたい。リスナーとの関係って、互いに隙があるくらいがいいじゃない。運転しながらとか洗濯しながらとか、ながらでいいんですよ。そんな彼等を僕は共犯者って呼んでる。『金曜天国』は週一放送だから、浸透する速さや深さは帯番組にはかなわない。でも本当に面白いことやってれば、ちゃんと広がっていくと思います。この間も県警さんに呼ばれた時、偉い人から耳元で「私、共犯者なんです」って言われてさ、あなたは警察でしょって（笑）。牧師さんの共犯者もいるしさ。だから番組でメッセージを読まれた共犯者が「アイツつまんない」とSNSで誰かに叩かれているのを見ると本当に胸が痛む。申し訳ないよね。その人はつまんなくないの、それを調理できなかった喋り手である僕の責任なんです!。　この部分使ってくださいね（笑）。

――今後、ラジオでやりたいことは?

高橋　えぇ、それは月～木曜の1時から2時40分が希望って言えばいいの?（笑）。まぁやりたいことはいろいろあるけど、まずはライフワークであるラジオと学校向けのお笑い授業をくっつけたい。小中学校には年間100校行っていて、毎回radikoの宣伝をするけど今の子は聴かないよね。だからラジオっていう遊び場を教えようという使命感はあります。あと昼の校内放送と僕の番組をうまくサイマル放送できないかなと。次世代共犯者の発掘ね。

――世代も局の垣根も超えてだね。

高橋　あと最後にもう一つだけ言わせて。「遠藤麻理さん、BSNに来てくれてありがとう」じゃないからな。「BSN様、遠藤麻理を拾ってくださってありがとうございます」だからな!（笑）。

石塚かおり

ISHIZUKA KAORI

BSNの太陽であり、夕日をこよなく愛すかおりさん。お母様の故郷である佐渡に家族旅行に行った時に見た外海府、願集落の夕日に魅せられたそうで、それからはきれいな夕日を見ると写真に収めなきゃ！と焦るそうです。この日もいい夕日に恵まれました。率先して温かい雰囲気を作り、我々PORTからの移籍組を迎えてくださったアナウンス部長です。

想定外の答えを引き出せるラジオ

――1987年入社ですよね、今年(2020年)で入局33年。初めからラジオアナウンサーという肩書だったそうですね。

石塚　そうなんです。アナウンサー試験を受けてラジオ制作のアナウンサーになったのは、私が初めてだと思う。でもその時は「え～っ、ラジオなの」って若干ショックだった。ラジオはそろそろ終焉を迎えるんじゃないかって言われた時代だったから。でも、私は小5のときにすでにアナウンサー志望だったんだけど、卒業アルバムを見ると、マイクの前に私が座ってはがきが積み重なっている絵を描いているの。もともと私が目指していたのは、ラジオパーソナリティだったんだ!?って(笑)。

――現在は女性アナウンス部長!　かっこいいですね～。荷は重そうですけど。

石塚　本当に、私でいいのかなって思って(笑)。私が新人の頃、ラジオで喋っていた先輩たちって細かくは教えてくれなかったんですよ。ステージに立つときはこうとか、インタビューのときはこうするとか、全部先輩たちの後ろ姿を見て育ってきたから、若手に原稿の読み方を教えるのは得意じゃないんです。だから教えるのは優秀な後輩に任せて、私はアナウンサーの心意気というか生き様、アナウンサーはこうあってほしいというのを伝えたいなと思っています。

――どんなふうになってほしいと?

石塚　何より番組スタッフに、一緒に仕事をしたいと思われる人であってほしい。スポンサーさんからは、この人に何かさせたいというニーズのある人。リスナーさんには会いたい!　聴きたい!と求められる人になってほしい。

石塚かおり
新潟市生まれ。1987年、BSN新潟放送入社。以後『午後の楽園』『ゴゴラク!』『新潟発そこが知りたい』『情熱にいがた』など、ラジオを主戦場にテレビでも活躍。現在は同局のアナウンス部長を務める。レギュラー番組にBSNラジオ『石塚かおりのゆうわく伝説』。佐渡観光親善大使。

ニュースの読み方と同じくらい、人気があることは大切。だからアナウンス部長って一人ひとりの個性を見極め、この仕事は誰が適役だとか、この人にはこの方面で輝いてほしいとか、皆がやりやすく活躍できる場をマネジメントするのが仕事なのかなと思っています。

――アナウンサーに必要な資質を持つにはどうしたらいいですか？

石塚　まず一つは、自分にしかないアイデンティティを持つことかな。めちゃくちゃ野球に詳しかったり、新潟のことなら一日語っていられたり。そういうのが一つのニーズになる。あとはリスナーさんから「自分の話をこの人に聞いて欲しい」と思ってもらえるように。

――そしてかおりさんといえば百戦錬磨のインタビュアーです。インタビューで大事にしていることはありますか？

石塚　自分の興味のなかったジャンルの方などにお会いするときは、とにかくその人に聞きたいことをどんどん貯めておきます。すると気が付けば、会うまでにその人のことを若干好きになってるっていう（笑）。好きになれば、さらに聞きたいことも出てくるし。

――時々ゲストに容赦ないですよね（笑）。

石塚　え、そう？（笑）。

――それが面白いんですよ。

石塚　テレビは尺も決まってるし画《え》も当てはめなきゃいけないから、外れたことを聞くと怒られることがあるんです。でもラジオは自分さえ時間をコントロールすればその中で、逆に外れたことを聞いたほうが面白い。正攻法じゃないところをいかに聞き出せるか、そこは楽しいですね。

――ベテランの域ですね。

石塚　ベテラン（笑）、そう言われるのが一番苦手なんですけど（笑）。

“いつもの声”に温もりを感じて

――これまで辞めたいと思ったことはないですか？

石塚　中越地震のときですね、初めて辞めたくなりました。地震が起きたとき、家に小5の娘と二人きりだったんですけど、すぐに会社へ行かなきゃいけないでしょ。とりあえず実家に預けようとしたら娘が目にいっぱい涙を浮かべて。仕事に行かないでくれって初めて言われたし、私も初めて行きたくないって思った。そのときうちの父が娘に、「ラジオをつけていれば、ママの声が聴こえて一緒にいる感じがするよ。おじいちゃんも会社に勤めていたとき、事故があればいち早く現場に行かなきゃいけなかった。ママも一番早く皆にいろんなことを伝えなきゃいけない係で、それはすごく大切で誰でもやれるもんじゃないんだ。だからラジオを聴いて待っていようよ」と。私も泣きながら会社に向かって、スタジオで朝7時まで番組をやりました。新幹線が脱線したとか余震があったとか、そういう情報も大切なんだけど、一人で聴いている人もいるだろうから「大丈夫ですよ」って、娘にも言っているつもりで。一年後、番組の忘年会ツアーに長岡の仮設住宅に入っている方が参加してくれて「かおりさんにお礼が言いたかった」と。地震の時に停電で部屋はまっ暗、家族も離れ離れになって心細くしていたときに私の声が聴けて、すごく安心したというんです。だから中越地震のときは一番、辞めたいときで、その方に会ってからは一番、やっててよかったなって思えたときになりました。

――忘れられないエピソードですね。

石塚　ラジオが伝えることって情報だけじゃないんだなって。なんとなく隣にいてくれればいい、相談するけど答えなくていいみたいなね。これほど体温を感じる、「そばにいる感」のあるメディアって他にない。数字という成果に表せない何かがあるのがラジオだなって気がします。それを信じてやる、っていうね。

―― FM PORT閉局には何を感じましたか?

石塚　パーソナリティという、ラジオを好きな仲間たちがラジオから離れないでほしいなって思いましたね。純粋に、ラジオを好きな同志たちだから。

―― ライバルじゃないんですよね。

石塚　私はそう思っています。

破天荒な大倉修吾に教わったこと

―― 石塚さんの師匠はどなたですか?

石塚　亡くなった大倉修吾さんでしょうか。大倉さんからは特に、ブッキングの力を学びました。大倉さんは自分がチャリティーコンサートをやりたいと思えば、出演者の手配を自分でやって。本当に、いい意味でも先生だし反面教師でもあって(笑)、2つの背中を見せてもらいました。別に私に教えようというわけじゃないんでしょうけど、大倉さんのアシスタントとして大きなステージの司会をさせてもらったり、大倉さんの旅に連れて行ってもらったりしていると、なるほどリスナーさんとはこういう距離感で付き合ったほうがいいんだとか、リスナーさんに喋ってもらうときはマイクや体をこう向けるといいんだ、とかね。大倉さんって魔法のように素人を喋らせる人だったので、ヒントやアイデアをたくさん、その姿からもらいました。またね、スポンサーさんを大切にする人だったし、逆にスポンサーさんから自分が大事にされるためにはどうすればいいか、人とのつながり方を教えてもらいました。

―― いいな～。私も大倉さんとお話ししてみたかったです。

石塚　時々、番組中に電話がかかってきて、留守電に「かおり、なんでおめ出ねんだて」って怒り声が入ってる。急用なのかと思って折り返すと、「せっかくうんめもの食ってるから、教えてやろうと思ったのに」。「私、番組中だったんで」って言うと「なにやぁ?出れや」。出れませんよ(笑)。

―― 思い出深い言葉はありますか?

石塚　私が入社した頃ですね。「おめがちゃんとしていれば、おめがやりたいことはおめが何もしなくても、皆やってくれるんだて」と何度も言われました。一生懸命やっている人間には、引き立てたいという人がやってくるから、そのままでいいんだと。実際、大倉さんがそうだったんですよね。

―― そんな大倉さんに育てられて今のかおりさんがあるんですね。今後、ラジオでしたいことはありますか?

石塚　私、ラジオ生まれラジオ育ち、新潟生まれ新潟育ちで、BSN生まれBSN育ちなんです。これが私のDNAだし、これからもどんどん新潟の人、モノ、自然を自慢していきたいですね。あと音楽フェスも、ジンロックみたいな(笑)。

SATOCHIN

さとちん

キャッチフレーズは「ほうれい線は恋の落とし穴」。私の天敵、さとちん。顔を合わせれば憎まれ口ばかりですが、お願い事を断られたことはこれまで一度もありません。いつでもどこでも、呼んでなくても飛んできてくれます。小学生のリスナーに「さとちんは女なんですか？　男なんですか？」と聞かれ、「さとちんはさとちんよ」と優しく答えたエピソードが大好きです。

女性スタッフたちが個性をぶつける現場で

――私たち、好みが似てるのよね。

さとちん　そう、私と麻理ちゃんメタボ体型男子好きだから。

――違いますよ、脂肪じゃなくキンニク！

さとちん　筋肉でもふくよかな、抱かれてると安心するみたいな、掘りごたつ的なね（笑）。

――それにしても私たちラヂオは～と（燕三条FM）の開局スタッフだから、もう20年以上の付き合いね。あの頃、さとちん46歳くらい？

さとちん　はぁ？　永遠の28だから5歳の時よ。ラヂオは～とに丁稚奉公に来て、あの時はスタジオが燕三条の駅の構内にあったから、駅前の玄関から掃除してさ～。

――最初さとちんのこと、頼りなさそうな男性職員が入ってきたなって（笑）。スタッフは女性ばかりだったのに、全然違和感なく溶け込んだでしょ。

さとちん　すんなり入れたわ、普通に。逆にこっちから言わせると「なんか男っぽい女がいっぱいいるな」と（笑）。麻理ちゃんは「この人が仕切るんだろうな」って感じで鎮座してた。なんかあると目がね、ギュッと睨むのよ。当時から人を目で動かすタイプ（笑）。でも女性をまとめるって大変じゃない。特にラヂオは～とは個性の強いのが6、7人いたから。当時は私、週一回の番組だったけど、行く度にスタッフの人間性やカラーが分かってね。千里眼で見えてくるのよ、事務所内が。派閥っていうか、こっちのメンバーは佐渡島、こちらが粟島みたいな。これ戦争したら大変だろうなって（笑）。

〝今の〞さとちん誕生秘話

―― 〝今の〞さとちんが誕生するきっかけは？

さとちん　開局して12年目に番組内容を一新して、さとちんをメインに打ち出していこうと社長が決めたのよ。それで「残りたい人〜？」って言ったら誰も手を挙げない。ほとんどのスタッフが辞めちゃった（笑）。悲しいけど会社の方針なんだもん、やるしかない。その頃は私、FMながおかへも週3日間、行ってたんだよね。そっちは女性アナウンサーのまりりんと掛け合いで番組をしてて、彼女がさとちんの、こういう一面があるっていうことを見つけてね。半分私をからかってオネエ言葉で「いやん」とか言うから、私がそのノリで返しちゃったのよ。そしたら「あら、どうせそうなんでしょ」って（笑）。

―― 理解者がいたのね。

さとちん　でも10数年前だしLGBTQとかダイバーシティの時代じゃないから、最初は抵抗があって中途半端だったのよ。そしたらまりりんが「聴く（見る）人は分かってんだから、さとちんは自分をちゃんとさらけ出していきなさい」って。ラジオは〜ともその方針でOKだったから、それからはバリバリ（笑）。リスナーから受け入れられるか心配もあったけど、そんなこと考えてらんないわ、稼がないとだし。

―― 必死だったんだ。

さとちん　必死よォ！　新宿2丁目なら素のままでも普通に生活できるんだろうけど、地方だと厳しいじゃない。何かと言われるし。でもある時、吹っ切れたのね。番組を録音してあとで聴いたんだけどさ、私が遠慮して喋ってると相手のアナウンサーも返しが中途半端になって、つまんなく聴こえたのよ。「チョットこれ、100%、いや120%大げさに、地でやったほうがいいな」って。まぁ急には全開できないから小出しにして、今は毎回出し切ってすっきり（笑）。お手洗いでもそうじゃない。残尿感あったらもう一回トイレ行こうとかサ、すっきりしなくて嫌じゃない。

素人芸をエンタメに
さとちん電波隊の底力

── それで電波隊の誕生につながるのね。

さとちん　ラヂオは〜とでメインになり、『燕三条系さとちん電波』という番組をやっていこうとなったとき、どうしたらいろんな方に聴いてもらえるかを考えたの。10年前は今みたいにどこでもラジオが聴けるFM++《ぷらぷら》とかradikoといったアプリがなくて、ラヂオは〜との限られたエリアの中でどうやって聴取者を増やせばいいんだろうと。それで番組のステッカーを作って、タクシーの車体に貼ってもらったの。まさに市内を走る宣伝カーよ。あとはさとちん・ひとちん・お菊の3人で「さとちん電波隊」というユニットを組んでね。

── 歌って踊れる「さとちん電波隊」いいよね〜。CDデビューもして、イベントやコンサートに引っ張りだこだけど、メンバーのお菊さん、ひとちんさんたちは、舞台経験はなかったわけでしょ？

さとちん　私は一応、東京で歌手をやってきたからできたけど、2人は大変だったわよね。どうだった？

お菊　私は局には事務員で採用されて8年くらい経理だったから。最初CDは『We Are The World』みたいに局全員で歌ってみたけど、やっぱりさとちんメインで女性2人を付けようとなったの。それで私とひとちんが選ばれて。抵抗したところで聞き入れてもらえないし〝やらなきゃ終わらない精神〟で受けました。それでも最初のイベントでは人前に出て歌って踊るのが嫌で、帯状疱疹になったっけ。

ひとちん　私の本業は司会だったから、歌にはやっぱり戸惑いがあったな。でも電波隊でいろんな所に顔を出すようになって、こういう世界があったのかと刺激をもらえたし快感にもなった。こんな面白い体験はたぶん、ここでしかできないだろうなと。

さとちん　放送局もいろいろあるけど、番組ありきでコンサートまでやってる放送局って珍しい。あれしなさいこれしなさいって要望多いもんね、ここは。ある意味、放送局の虎の穴（笑）。

さとちん
10月12日、新潟県見附市生。平尾昌晃ミュージックスクール・東京アナウンスアカデミー出身。燕三条エフエム放送の『演歌ごめんなすって！』を経て2010年『燕三条系さとちん電波』がスタート。さとちん電波隊を結成しステージ活動継続中。主な出演番組『さとちんの縁側日記』（FMながおか）、『さとキッチン』（ケーブルテレビ局NCT）、『工藤淳之介 3時のカルテット』（BSNラジオ）。

お菊　恥も外聞も捨てて身を捧げてるって、なかなかない経験だし（笑）。

――辞めずにここまで続けたのはなぜ？

お菊　さとちんと一緒にいるのが楽しかったし、これに巻き込まれてなかったらリスナーさんたちには会えてないから。感謝してます。

さとちん　あら、感謝って恨みとか呪いとか（笑）。

ひとちん　私は堅くてまじめな高野一美というイメージで長く仕事をしてきたけど、電波隊をやり始めたら周りから「高野さーん」でなく「ひとち～ん」って呼ばれる回数が増えたのね。ラジオだけじゃなくて司会をやってるイベントや結婚式場でも。これはさとちんという存在があってこそで、思いっきりハンマーで私の殻を叩き割られて。

――電波隊の今後の夢は？

さとちん　いつまで続くか分かんないけど、あの時こうだったよねってお茶飲みながら、思い出話ができればいいわよね。

自分をオープンにして自分自身を楽しむ

――さとちんは自分の肩書って何だろうね。

さとちん　私は……万華鏡（笑）。万華鏡って覗いて回すと違う模様とか色合いとか光り輝いてるじゃない。私も自分自身が嫌になったら回して、違う模様を見て、そしてまた自分自身を楽しむ。

――ありのままの自分でいいんだよね。

さとちん　ラジオとかテレビで露出が少しずつ多くなってきているから、ゴミ捨て場で誰かに会っても「おはようございます」じゃなくて「頑張ってください」なの。ここまで来るのに時間はかかりすぎたかもしれないけど、自分をオープンにすることで、より楽しんで仕事をやれる気がします。ラジオを聴いたり、今この本を読んでいる方々も、自分本来の姿を全員に理解してもらえなくてもいいじゃない。一人でも分かってくれればそれで十分、生きていける。

――リスナーともいい関係だよね！

さとちん　10年、20年と付き合ってるから親戚みたいなもんで「うるせぇじじい！」とか言ってるんだけどさ。嬉しいことはもちろん悩みや苦しみも分かち合えるし、時には怒ってくれたり「さとちん、言いすぎじゃないよ」と励ましてくれるから、本当にありがたい存在。うちの局は特に差し入れが多くて、おかずまで作ってくれるおばちゃんがいるから。最近私、青汁にはまってるからさ、誕生日になるとどんどん、青汁が箱で届くのよ。そういうのがありがたいよね。

百花繚乱 新潟のコミュニティFM

COMMUNITY FM IN NIIGATA

新潟県内に12局あるコミュニティFM局。
私のラジオ人生もラヂオは～とからスタートしました。
ラジオの自由さ、楽しさを知り
「ラジオで生きていく！」と決心した場所でもあります。
その地域に行くと必ず周波数を合わせて楽しんでいます。

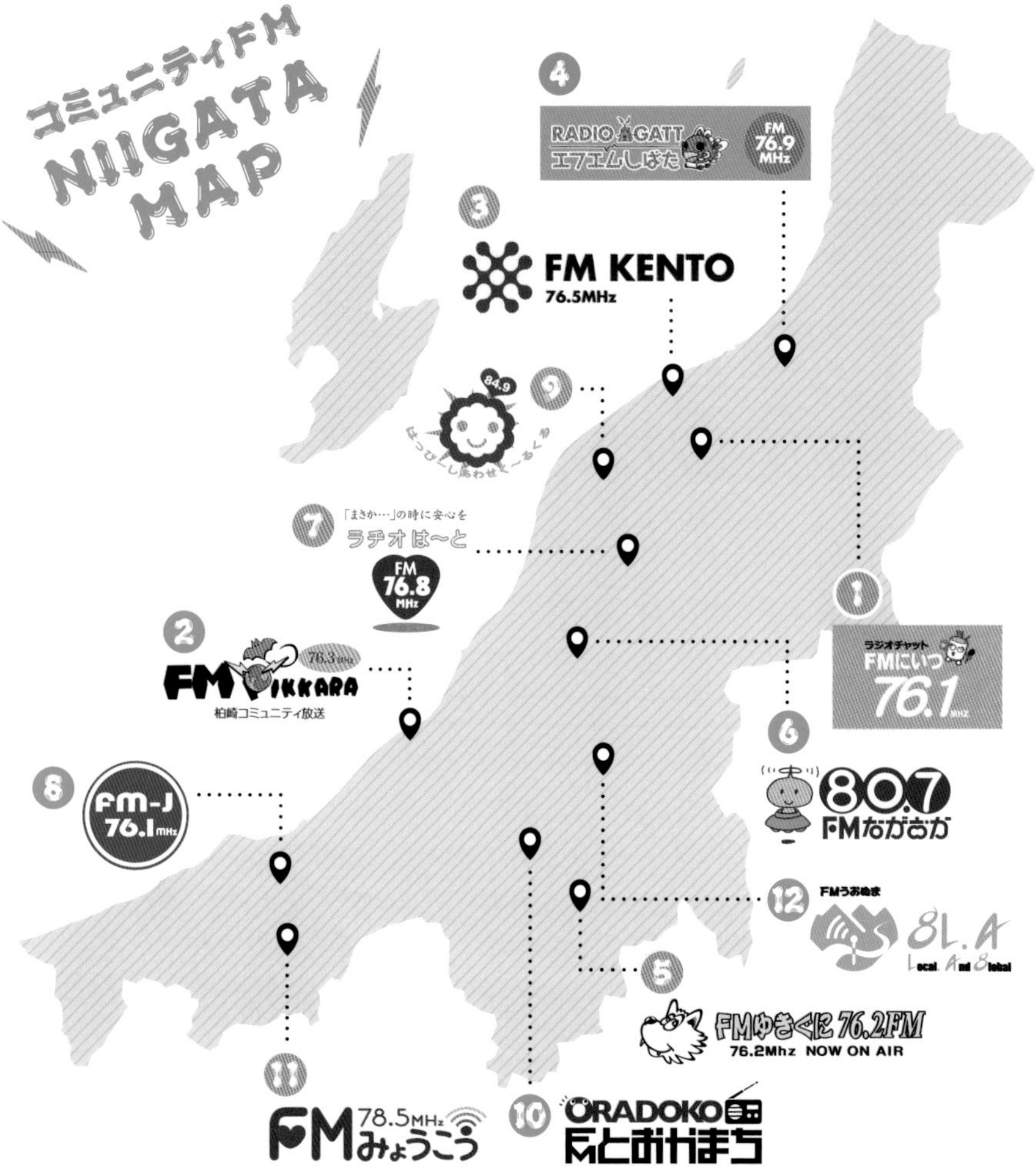

	愛称	エリア	周波数	ラジオ以外の聴取方法
1	ラジオチャット	新潟市秋葉区	76.1MHz	JCBAサイマルラジオ
2	FMピッカラ	柏崎市	76.3MHz	JCBAサイマルラジオ
3	FM KENTO	新潟市中央区	76.5MHz	JCBAサイマルラジオ
4	RADIO AGATT	新発田市	76.9MHz	JCBAサイマルラジオ
5	FMゆきぐに	南魚沼市	76.2MHz	JCBAサイマルラジオ
6	FMながおか	長岡市	80.7MHz	JCBAサイマルラジオ
7	ラヂオは～と	燕市/三条市	76.8MHz	FM++(アプリ)
8	FM-J	上越市	76.1MHz	JCBAサイマルラジオ
9	ぽかぽかラジオ	新潟市西蒲区	84.9MHz	—
10	FMとおかまち	十日町市	78.3MHz	FM++(アプリ)
11	FMみょうこう	妙高市	78.5MHz	FM++(アプリ)・FMみょうこうHP・JCVコミュニティチャンネル
12	FMうおぬま	魚沼市	81.4MHz	JCBAサイマルラジオ

1 ラジオチャット

「となりに、いるよ」が私たちのキャッチコピーです。いつもあなたの隣にいる放送局でありたいという思いが込められています。

新型ウイルス禍で去年（2020年）、秋葉区の成人式が中止になった時は、地域の局として、新成人を応援したいと思い、特別番組を放送しました。新成人に今の気持ちや夢、抱負を語ってもらい、県外にいる新成人には電話をつなぎ、故郷への思いも話してもらいました。

番組の中で「成人式ができなかったのは残念だったけど、素敵な企画をしてもらった。地元の人を大事に思ってくれて感謝している」と言ってくれた新成人の言葉が心に残りました。

こういう時だから、より地域の皆さんの心に寄り添い、つながる放送を大切にしています。

2 FM ピッカラ

ラジオっ子だった僕は今でもいろんな局を楽しんでます。子供の頃からめちゃめちゃ聴いてました。香川県で育った僕は、小学生の頃は勉強をするふりをしてイヤホンをつけてラジオを聴いていました。ヤンタン、オールナイトニッポン、大人になってからも山本シュウさんやクリス・ペプラーさん、今は県内で活躍されているDJさんの番組などとにかくラジオ生活。パーソナリティとリスナーの距離が近いのがほんとにいい。身近なお兄さん、お姉さんが話してくれている感じ。直接パーソナリティさんの熱意、温度を感じ取れるのです。さまざまな知識もラジオから得ました。僕はこの世からラジオが無くなったら生きていけない（笑）。このラジオ文化、これからもしっかり守っていきたいと思います。

3 FM KENTO

広告費の減少で局の運営は非常に厳しいが、それでもラジオを止めないように試行錯誤の毎日が24年以上続いている。

時代の変化に合わせて色々やってきた。2008年にインターネット配信を開始し、2012年にはアメリカ製の番組自動送出システムを導入。

あらかじめ楽曲の属性情報やカテゴリを登録しておくことで選曲、編成、配信までを自動化。少人数での運営でなんとかラジオを止めないようにしてきた。

2016年には音声合成システムによるパーソナリティーみなみちゃんを登場させ、さらなる少人数化。これらは全てオリンピックイヤー。

今年東京オリンピックまでにはまた最新のテクノロジーを活用した新たな実装を計画している。ラジオを止めてはいけないから。

4 RADIO AGATT

エフエムしばたは、平成9年10月1日に、全国で76番目、新潟県内で4番目に開局したコミュニティ放送局です。「ラジオアガット」というステーションネームをもち、みんなを結ぶ身近なラジオです。「アガット」には新発田の方言で「ありがとう＝あんがとね～」という意も含まれています。

コミュニティ放送の重要性が注目されるのは緊急時です。刻々と変わる状況や聴きたい情報をいち早くお伝えしなければなりません。そこで、コミュニティ放送局ならではの強みを生かし、きめ細かな情報を発信し、平常時は新発田地域の話題を中心に放送し、「聴いていて良かった」「聴いて役立つ」と言われるよう「どんな時も地域と人をつなぐ放送局」を目指します。

FM ゆきぐにの皆さん

5 FMゆきぐに

「お隣からお醤油借りて来よう」「作り過ぎちゃったからお隣へおすそ分け」。今消えかかっている昔ながらの共助。コミュニティラジオは「それ」なんです。

1局のエリアは小さいものの、近隣のラジオ局とはまさに気心知れたお隣さん。持ちつ持たれつの強力ネットワークで、情報があっと言う間に知れ渡ります。「南魚沼の〇〇屋のコロッケがおいしいんだってさ」って。

1局のエリアが小さいから、ラジオ局とリスナーもお隣さん。回覧板のごとく情報が丁寧に伝わります。「マリさん〇〇屋のコロッケ大好物なのよ」って。差し入れて頂いて恐縮する事も。え、ソースを切らした。何ならすぐに放送しますよ。「どなたか貸して頂けませんか」ってね。

6 FMながおか

80.7 FMながおか

昭和28年に日本初のFM放送局と称される放送局が長岡にありました。その地に平成10年に開局した「FMながおか」。開局と同時に長岡まつり大花火大会の実況中継を始め、番組名は「FM三尺玉」。花火同様好評を博しています。

中越大震災の経験からラジオは地域情報と共に災害弱者のためにも役割を担うものと思います。CFMを利用した緊急告知ラジオを提案し、平成18年、行政では全国初、長岡市が導入しました。信頼性の最も高いcomfis（コムフィス）起動方式の自動起動ラジオを開発し全国に拡大中。「FMながおか」では11の中継局から全市へ向け、大雪や水害などの情報、クマ、イノシシの出没情報なども自動起動ラジオで放送しています。災害に強い長岡を目指して。今日もスタッフ一同放送を続けています。

7 ラヂオは〜と

新型ウイルス禍の現在、リクエスト曲に合わせてみんなで歌ったり・踊ったり・声をあげて応援ができない。何かよいストレス解消法はないものか？

朝9時になりサテライトスタジオの幕が開く。さとちん、お菊が登場！

リスナーさんの姿に二人がびっくり。「あんたたちどうしたの!? 誰が誰だかわからんわー！（笑）」。リスナーさんがパーソナリティを笑わす作戦大成功！　これもまた快感、大いに笑ってストレス解消！

出演者とリスナーさんが一緒に楽しみ、さらにスポンサーさんも加わり三位一体となる瞬間、嬉しさは3倍増、苦労など吹っ飛びます。時代が激しく変化していく今こそ、ご近所のコミュニティが必要。会えなくても、会えている気分になる、それがコミュニティラジオの魅力です。

リスナーの皆さん

換気・ソーシャルディスタンスをしっかりとりながら楽しんでいます

8 FM-J

FM-Jの皆さん

開局間もないころ、小さいお子さんのお母さんからメッセージを頂きました。「朝、高田公園で見かけた黒鳥の子どもがけがをしたのか片足を引きずっていてかわいそう」という内容でした。

放送を聴いたリスナーさんから、「まだ上手く歩けないだけなので心配しないで」とメッセージが届き、先のお母さんから「安心しました」というメッセージが返ってきたのです。

コミュニティ放送は、自分の街の事を同じ街に暮らす人に発信するものですから、細かな情報も伝わりやすく、誰かと共感したり、誰かと協力したり、時には誰かを助けたりできる力にもなれると確信しています。

9 ぽかぽかラジオ

阪神淡路大震災が、当社の創立の原点となった出来事でした。平成13年6月に開局してから地域の情報発信基地として放送を続けて参りました。毎月1のつく日には地域のライフライン関係のゲストから情報を発信していただく「防災防犯チャンネル849」を放送しています。また時報代わりに流しているエリア内の小中学校の校歌は好評です。地域の最大イベントである「巻夏祭り」では会場にサテライトスタジオを構えて生中継をし、参加した子どもたちの楽しい様子を伝えてきました。24時間いつでも地域の情報を発信できる小回りがきく放送局としてこれからも放送を続けて参りたいと思います。

10 FMとおかまち

地域のためになることならなんでも挑戦する、ごちゃまぜハイブリッド型でソーシャルグッドな会社です。新型コロナ禍ではテイクアウト企画やソーシャル型イベント、学校支援やオンライン配信番組などを実現。ラジオにとらわれず「地域に必要な存在」であるために積極的に変化することが、結果としてラジオの魅力向上やラジオ局が生き残ることにつながると考えています。放送では、全国に幅広い塾生を持つ〝経営軍師〟岡漱一郎氏による「絶対負けない！社長の法則」をMUSIC BIRDから全国配信。また、NHK大河ドラマ「青天を衝け」で渋沢栄一の幼少期を演じる小林優仁くんのレギュラー番組を開始するなど、地方からトガッた番組を発信しています。

11 FMみょうこう

FMみょうこうが開局から6年目を迎えた今冬（2021年）、上越地域は35年ぶりの大雪となりました。除雪が追い付かず車が出せない、スーパーからは品物が消え、車道には車よりも歩行者の数が多い…そんな中での生放送。道路状況や電車の運行情報、今後の雪の予想を繰り返し伝えることしかできませんでした。

ですが、声が聴こえるというのは安心に繋がるのでしょうか。「自分も大変な中、放送してくれてありがとう」というメッセージが届きました。ネットやテレビでも簡単に情報を手に入れることのできる今でも、ラジオから聴こえる声を待ってくれている人がいる、ということを強く感じました。

私たちが〝声〟で届けることに、これからも責任と使命を持ってマイクの前に座りたいと思います。

12 FMうおぬま

県内で最も新しい放送局であるFMうおぬま。水害や雪害、過去には中越地震を経験した魚沼市に、なくてはならない放送局として2015年12月に産声をあげました。

平時は地域を明るく照らし、非常時には安全と安心をお届けする。もはや地域に欠かせない情報インフラと位置付けられています。テクノロジーが進歩し、どこでも人々が交流できる便利さやAI、CPUが活躍する快適な世の中であったとしても、社会には人々の気持ちのこもった誠実さが求められています。その中で、ラジオは温かい血の通ったメディアだと確信しています。

今後もコミュニティの魅力を世界に広げ共有しながら、人と人とをつなぐプラットホームとして豊かなまちづくりを目指します。

燕三条エフエム放送株式会社（愛称 ラヂオは〜と）代表取締役社長

阿部傳

ABE TSUTAE

素人集団がつくったコミュニティ放送

——古巣に帰ってまいりました（笑）。ラヂオは〜とは今年（2020年）で、何周年ですか？

阿部 23年目らろっかねぇ。

——じゃあ私たちも23年の付き合いってことになりますね。

阿部 もうそんならかねぇ。

——どんなメンバーで立ち上げた局なんですか？

阿部 おれ自身もともと墓石屋らっけ、こういう業界とはまるで無縁だったんだわ。立ち上げの他のメンバーもそう。燕・三条青年会議所のメンバーとOBが中心になって、立ち上げた局なんだわ。

——初めから順調にいきましたか？

阿部 コミュニティ放送の認可はね、原則、一市一波なんだわ。でも私どもは二市にまたがって、燕三条エフエム放送株式会社で申請して、まぁ、ご了解いただいたけども、二市ってやっぱり難儀らね。首長さんが二人らし、議会も二つあるし。

——立ち上げた人たちもこの業界は未経験、私たちパーソナリティも全員素人で、タクシー会社の2階の畳部屋を借りて、皆で練習したんですよね。喋りの練習、曲をつなぐ練習も。

阿部 電波に詳しい人がいるとか、放送業界にツテがあるとか、音声技術に詳しい人がいるとか、そういう局じゃなかったっけね。ただこの地域は、こうゆうインフラが必要だろうと。あと、燕と三条で一つの街づくりのようなことをやってみようねっか、ということで立ち上げた局なんだわ。

——コミュニティ放送局の特徴はどういうところですか？

阿部 株式会社なんだけど、儲かる前提、配当をもらう前提で株主が出資するんじゃなくて、地域のためにこれは必要だから応援しましょう、という方々から出資していただいて成り立つところなんじゃないかね。採算が取れないところから始まって、それを皆承知しているというかね。地域の大企業のCMを狭い放送エリアのウチで放送したって、広告媒体としての効果なんてそんなに期待できねけど、地域貢献とか、そういう思いで出資してくださってる。我々も儲かるとは思っていねけど、株式会社なんでね、損を出すわけにはいかないわね。あとはやっぱり（地元企業の）従業員も市民だってことなんだね。従業員のためのインフラということで、出資をしていただいて。それにご賛同いただける会社のお陰で、運営させてもらってます。

——PORTが閉局してからすぐの時期、松本愛と私で特番をやらせてもらったじゃないですか。あれ、やるって決めてからわずか1週間後の放送でしたけど、地元の商店さんや企業さんが17社も協賛してくださって。放送時間も当初2時間の予定が、「阿部さーん、3時間でもいいですか？」「おお、じゃあ3時間やるか！」って（笑）。そのフットワークの軽さと自由さ！　それができるのがコミュニティFMですよね。

阿部 大きなスポンサー頼みだと怖いねっかね。降りられたら終わりらっけね。

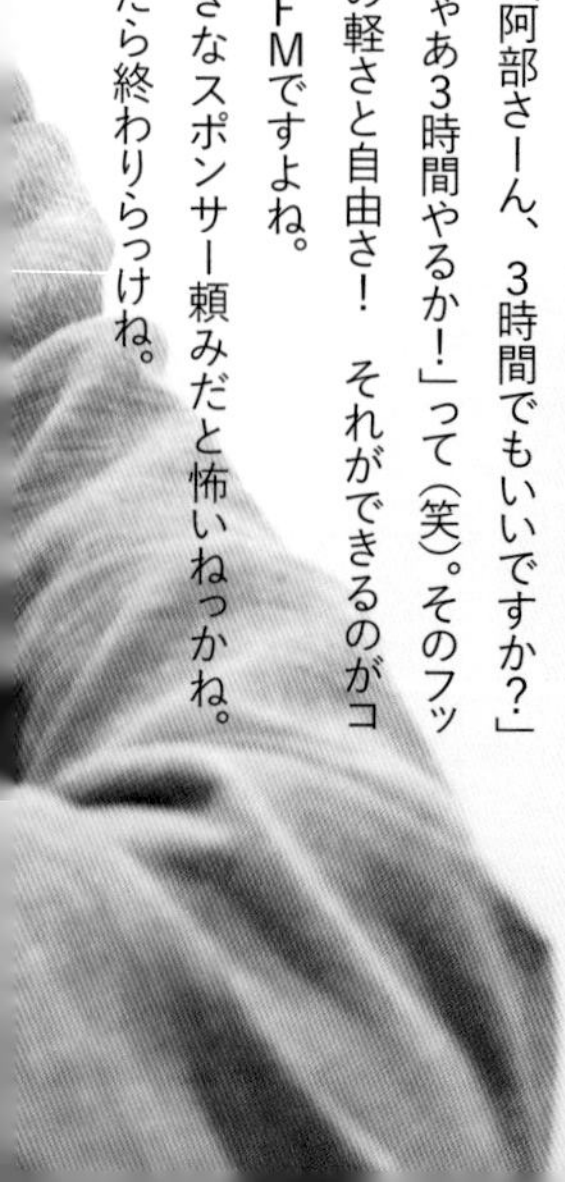

―― わっかる!!(笑)。

阿部 そ〜らろ〜(笑)。

街のインフラという絶対の自信

―― ラヂオは〜との必要性が証明された出来事といえば、2004年の7・13水害ですね。

阿部 三条市からは、ラヂオは〜とがあってよかったという声がありました。7月13日から月末までの19日間、三条市から情報が入ってくれば、そこで放送を中断して情報を割り込ませてね。毎日10時になると三条市長が自ら「今こういう状況です」って直接情報を出した。そして災害後すぐ分かったのが、各家庭にラジオが不足してたってこと。車では聴くことができても、家にラジオがなかったんで、我々で作ったこて!

―― そう、ラジオ作ったんですよね!

阿部 そうそう。500円かなんかで販売したの。

―― 私がいる時も作りました。そのときはハンダごてかなんかで、ラジオに付けるアンテナみたいなのをね。ラジオ局が町工場みたいになって(笑)。楽しかったなぁ!

阿部 ラジオがなかったり、あっても聴こえないってのが、一番困るいの〜。いい放送を届けるためにいろんな努力はしましたて。

―― とにもかくにもコミュニティ放送局の一番の役割は、災害時にきちんと聴ける環境をしっかり整える、情報を届ける、ということですね。

阿部 地域の情報入手困難者であるお年寄りが、災害時にラジオを頼ってくれるように、普段からの番組作りが大事だと気付いたのもそのとき。それで目玉番組を作ることになったんだて。

―― そこで、さとちんが抜擢されるわけですね。

阿部 さとちんはね演歌の番組とかやってたんだけどね、面白くなかったんだて。でも、例えば遠藤麻理とさとちんが飲んでるのを見てると、おもっしぇ〜の。男性と女性が逆転しているような感じで。

―― そうですか？(笑)。

阿部 （さとちんは）一生懸命やってるんだけども、アイデンティティがなかった。個性が感じられなかった。でもそのあとFMながおかで、まりりんっていうアナウンサーと一緒に作ってた番組で殻を打ち破って、それがばっかおもしぇかったんて。

―― まりりんさんと組んで、さとちんは本来の自分を出せたんですね。

阿部 それからはラヂオは～とでも自分をさらけ出してもらって、局でも集中してさとちんのCD作ったり、ポスター作って。ターゲットもしっかり絞ってね。さとちんを売ろうということでなくて、さとちんの力で76.8という周波数を覚えてもらおうと。

―― 私、びっくりしましたよ。イオンシネマ県央で300人以上収容の席が全部埋まった、さとちんライブ。みんなウチワ持って「キャーキャー」って。ターゲットはどこに絞ったんですか？

阿部 当初は60歳ぐらいだったけども、結果として65歳以上の男女らね。さとちんの相手役もいろいろオーディションしたろも、局の経理の子が一番良くて、「さとちん電波隊」結成となった。イベントにしても、コミュニティだからできるできないという発想はなくて、局が10周年のときは拉致問題を考える集会を千何百人規模でやりましたて。「県民集会のようなものは県域放送がやる仕事」なんて言う人もいたけど、私ども主催でやれた。その他は年がら年中、遊んでいるみたいなもんだけど、遊ぶからにはやっぱ、面白くねぇばね。

―― 私がラヂオは～とで学んだのも、ラジオは自由で面白くなきゃダメだってことです。

阿部 （笑）。

―― そして営業は恐喝でしたっけ？

阿部 いや、おれはそんなことを言った覚えはないけど……。

―― あっ、恫喝か(笑)。

阿部 多くの方々が協力してくださって感謝、感謝らて。まぁ、放送媒体としていかがかと聞かれれば、厳しいわね。ただ、街のインフラとしてはどうだって問われたら、コミュニティＦＭ局は絶対に必要なんだわ。

あらためまして　こんにちは！　遠藤麻理です。
『ラジオを止めるな！』、ここまでいかがでしたか？
ご登場いただいた皆さんには、それぞれ好きな場所
思い入れのある場所をご指定いただき、そこでお話ししました。
大杉りささんとは「居酒屋しかない！」と盛り上がったのですが
そこは酒好きの二人のこと…呑み過ぎて、おそらく本には載せられない
話ばかりになるだろうということで、周りから却下されました。残念！
そして今回の本で何が嬉しかったって、FM PORTの仲間たちに
連絡する口実ができたことです。
「元気にしてる～？」「また呑もうね～！」…そんな言葉で
メールをやり取りできた時間は幸せでした。
そして、コミュニティFMの皆さんには　校了ギリギリになって急きょ
企画を変更して「3日後に原稿をください」などと
無理なお願いをしてしまいました。快く受けてくださって、
ありがとうございました。

さあ、ここからは、あの　なんでもありの番組
『モーニングゲート』が帰ってきます！
人気コーナーを担当してくださった皆さんの後に懐かしい面々が
賑やかに登場します。では一緒に参りましょう～。
『モーゲーダイハード　！！』

私のストップウォッチには『家出した猫～airhead～』という
タイトルがついています。
オレンジ色の月が不気味に笑う夜、裕福なお屋敷で
飼われていた一匹の黒猫が家出しました。
森の入り口で立ち止まって振り返り最後のお別れをしています。

モーゲー ダイハード!!

※ダイハード…「なかなか死なない」「しぶとい奴ら」
「状況の変化により維持できなくなった状態にしがみつく」
また、「長々と苦しんだ末に死ぬ」という意味を持つ

畠澤弘晃

HATAZAWA HIROAKI

『モーニングゲート』草創期から一緒に番組を作ってきた
チーフディレクターの畠澤氏…というか、ハタボーと、
「テーハの悲劇」や番組作りに対する思いを
冬の萬代橋で語り合いました。
この橋を二人で渡って
万代から川岸町に流れ着くまでの日々…。

畠澤弘晃
1979年、山形市生まれ。2000年、都内の番組制作会社に入社。2004年よりFM PORTの各番組を担当。2005年、『モーニングゲート』の番組チーフディレクターに。朝の情報番組という既成概念にとらわれることなく、番組の面白さを追求。遠藤麻理、スタッフと共に『モーニングゲート』を人気番組に成長させる。2020年7月、株式会社BSNウェーブに入社し、現在はBSNラジオ『四畳半スタジオ』などを手掛ける。

閉局前、泣いちゃうシーンが日常に

遠藤 （笑、笑、笑。ずっと笑い続けてなかなかスタートしない）

畠澤 何が可笑《おか》しいんですか。

遠藤 なんか変だよね、こんなふうに向き合うの。飲みに行くのだって、2人きりなんてないし。

畠澤 ですね。

遠藤 皆でお昼行く時、私ばっかり仲間外れにされて。

畠澤 よく言うわ。毎回誘ったんですよ。「行きましょうよ」っていうと「行かな〜い」って。よく分かんない人だなって思いましたよ。

遠藤 そんな感じで付き合ってきて、停波、びっくりしたよね。知らされてから閉局までの3カ月、あなたはどうでしたか?

畠澤 僕は一度真っ白になって、そのあと番組どころか局全部が終わるんで、他の担当番組も含めて最終回を考え始めなきゃいけない。落ち着かずソワソワした感じでした。最終回だって、楽しくないから考えたくないじゃないですか。淡々と業務をこなしながら先送りして。

遠藤 私は悲しみから怒りに変わり、怒りから諦めに変わり、最後は祭りみたいになりました。

畠澤 僕は最初、なんで?というのがあって、いろいろ聞いてなおさらなぜ?が膨らんで。何とかなるんじゃね?って微かな希望を抱いてからの、玉砕。絶対ダメなんだなあと分かってからは、無。「考えてもしょうがない」と淡々とやってましたけど、最後はしょっちゅう感動してましたよ。リスナーさんから「モーゲーで誕生日を祝ってもらえるのもこれで最後なんですね」ってきたり、ゲストの方々からも直接口には出さないけど、励ましや労いを感じてウワッとなりました。繊細な時期でしたね。

遠藤　私は、3カ月後に死ぬとしたらどんな3カ月にしたいかなって考えた。

畠澤　キャンプ番組（『A Laid back Life ～旅するテント～』）の最終回に出てもらった時、言ってましたよね。「私は一回死にます」って。

遠藤　そのくらいのことだったからね。理想はさ、6月30日に「やっぱり閉局しなくてもよくなりました」って展開だったよね。最後の最後で、あれだけ多くのリスナーを獲得したしさ。

畠澤　あれが壮大なドッキリだったら、すごかったですよね。

ラジオの〝当たり前〟を捨てたモーゲー

遠藤　そもそも何年の付き合いになる？

畠澤　出会いは2004年ですから、16年目。僕が24歳、遠藤さんが31歳ぐらいじゃないですか？　遠藤さん尖ってましたよね。というか感じ悪かったです、つんけんして。

遠藤　ウソ（笑）。でも、負けん気は強かった。絶対に一等賞獲ってやる、みたいな。若かったな～。

畠澤　完全に心は開いてない感、ありましたよ。今も変わってないけど（笑）。

遠藤　モーゲー始めて一年経っても、手応えがなかったんだよね。頑張ってるつもりなのにちっとも話題に上らないし、あんまり面白くないし。そこにあなたが入ってきたんだよね。

畠澤　僕が東京から制作スタッフに合流したんですよね。そのうち前任たちが「じゃあ任せた」って次々東京に戻って、始めて間もない僕が自動的に番組チーフとなり「はっ？」と。そこからまさかの16年ですから。

遠藤　あなたにとってモーゲーってどんな番組だった？

畠澤　固定概念とかセオリーとか、それまで学んだものを捨ててしまった番組ですかね。朝の情報番組って世の中の出来事を拾い、そこにエッジのきいたコメントが入って軽やかに爽やかに音楽が流れ……っていう、人を不快にさせない作りじゃないですか。モーゲーは真逆。最初はまっとうな番組をやらなきゃと思っていたけど、遠藤さんもつまらなそうだし。

遠藤　できないことはできないって。開き直ったとも言えるね。番組作りの一つの転機としては、スタッフが番組に出始めたことじゃない？

畠澤　クリスマスのオリジナルラジオドラマ。そこにめちゃめちゃ滑舌の悪いスタッフ岡田を出したら、本当に何言ってるか分からない。それが結構、面白かったんですよね。リスナーさんには不評でしたが、我々にはウケた。

遠藤　スタッフなんか出すなって怒られてね。

畠澤　クレームをうまくかわしながら、スタッフを出し続けて。手を変え品を変え、根回しも覚えたし（笑）。

遠藤　番組でやるかやらないかの判断基準は、面白いか面白くないかだったもんね。

畠澤　面白くなさそうなネタもどうしたら面白くなるか、僕ら真面目なスタッフ陣はとことん考えましたよ。遠藤さん、番組前の打ち合せは無反応な能面、反省会はトンズラでしたよね（笑）。

遠藤　そうだっけ？（笑）。勝手に何やってんだ!!って、いろんなところからお叱り受けたよね～。生放送で思い付くままやるから、相談してる時間がない。

【ラジオこぼれ話】

畠澤：最初なんか遠藤さんとコミュニケーション取ろうと必死でしたからね。
放送中カンペ使ってギャグかましてみたら、キッと睨んで「そういうの、いらない」とか言うんですよ！

遠藤：誕生日はケーキを用意してサプライズで迎えてくれたりして。うっとおしくて。

畠澤：よくあるじゃないですか。
タレントさんとかの誕生日のセオリーですよ。
それをうっとおしいと怒るんだから、ますますどうしたらいいか分からなくなりました。

遠藤：クリスマスのラジオドラマは2005年からだから、長くやったんだよね～。

畠澤：当初一回だけのつもりだったのに、今年もやるんでしょみたいなことを
遠藤さんが打ち合わせじゃなくて生放送で言うんですよ。

遠藤：（笑）。

畠澤：オンエアで打ち合わせをするというずるい手を使い始めるんです遠藤さんが！

遠藤：だってやりたいんだも～ん。
オンエアで言っちゃったらやるしかないじゃないですか。

畠澤　5分前に決まったことを10分後に形にするため、慌てて素材を集めたりしましたから。結果、事後報告ばっかりになった。それは僕の悪いところです。ただ、予定を立ててやるものにはない面白さはあったと思う。

遠藤　ライブだから、そうじゃないともったいないしね。とりあえずやってみて、ダメなら止めればいい。怒られたら謝ればいい。そのくらいフットワーク軽くないとね。

畠澤　それを年下のスタッフたちに分かってもらうためにも、自分が率先してやってたところはありますね。あと皆に言ってたのは、外に出ようってこと。仲はいいけど一緒につるまないで、皆がそれぞれネタを探しに行った。

遠藤　スタッフの人格を否定しないというか、できないことは無理してやらせずに、できることや面白いところを深掘りする。モーゲー的教育方針だったよね。

畠澤　あれは育てたっていうんですかね～？（笑）。

遠藤麻理の停滞は衰退の始まり

遠藤　良いナビゲーターって、どういうものだと思う？

畠澤　期待を裏切る喋り手さん、ですね。予定調和でも既定路線でもなく、番組の流れをことごとくぶち壊しながら現場をパニックにして、ハプニングも楽しみ、最後は冷静に立ち回ってまとめる。「この予定を無視するなら、そのぶん面白いこと喋れるんでしょうね？」って思ってると、本当に倍返ししてくる。遠藤さんの場合は、手の内を明かさないっていうんですかね。

遠藤　照れくさいんだよ。こう喋りますって言って、その通りに喋るのダサいじゃん。

畠澤　どこに対してダサいんですか、聴いている人には分かんないのに（笑）。リハーサルも嫌いですもんね～。

遠藤　リスナーさんからはよく、「私たちは何を聴かされているんでしょうか？」っていうメールが来たね。一番楽しかったのは私たちだよね。

畠澤　「よく分かんない」っていうメールが来ると「よっしゃ」って思ってましたもんね。「いいね」っていう褒め言葉より、突っ込みが欲しかった。「あほですね」って言われた方が居心地が良かったし、身の丈に合ってました。

遠藤　実際、褒めてくれるメールとか照れくさくて私も読まないから、それ書いてもダメなんだなってリスナーさんがつかんでいったってところもあるね。

畠澤　合わせてもらってましたよね。

遠藤　ラジオ番組は、あるもの・来たものを取捨選択して、自分たちが心地いいなと思う番組特有の世界観を作り上げることができる。そこ、すごくいいなと思うんだよね。BSNラジオの『四畳半スタジオ』は始まったばかりだけど、どんな世界を創りたい？

畠澤　まだ探り探りで、謝るようなこともしてないですからね（笑）。

遠藤　私もいい意味で力が抜けたというか、年相応だわ（笑）。

畠澤　丸くなってきた？　新しい局に、まだ気を遣ってるんですかね。

遠藤　そんなんダメじゃん。停滞は衰退の一途だよ。

畠澤　停滞は衰退の始まりって言いますもんね。

遠藤　だから！　ちょっとここらで一発やらかさないとだよ！　チーフD!!

畠澤　また僕がやるんですかァ？　得意ですけど（笑）。今後も挑戦していきましょう、どうぞお手柔らかに。

越智敏夫

OCHI TOSHIO

越智先生の一般向けの講義をたまたま聴いて、終わる頃には「この方と番組をやるんだ！」と一人で決めてその場で直談判してスタートしたコーナー「オチ付け！ニッポン!!」。歯に衣着せぬ物言いで、顔も含めて「怖い」と思われがちな先生ですが、実は優しい気配りの方で、サブカルマニア、そして愛妻家でもあります。手をつないで街を歩くそうです！

性格形成に影響を与えた罪深いラジオ

——越智先生といえば個性的なTシャツです。

越智　プロレスファンとロックファンはTシャツがたまるんですよ。好きなレスラーやバンドのものをつい買ってしまう。ただそういうのは濃い色が多くて、黒っぽいのだけが増えるのが悲しい。

——越智先生とラジオの出合いも濃そうですね（笑）。

越智　昔、ソニーのソリッドステートIC11という、国民機みたいなラジオがあったんですよ。それを兄が中1の時に買って、小4の僕に貸してくれるようになった。その翌年、クラスの先生が壊れたラジオを修理して生徒全員に配り、僕も真空管ラジオを一台もらいました。1970年代前半のことで、テレビは一家に一台しかないけど、ラジオは一人一台。テレビ以外で世間とつながる電波がラジオだった。

——どんな局の番組を聴きました？

越智　南海放送と中国放送、RKB毎日、TBS。僕が住んでいた愛媛県松山市では、昼間はいろんな電波が飛んでいるけど、深夜になると遠くの電波が少しきれいに入る。そうなると南海放送では放送していなかった、野沢那智と白石冬美の『パックインミュージック』が聴けたんですよ。でも僕の真空管ラジオはイヤホンが使えないから、これも国民機的なソニーのSTUDIO1980というラジカセを自分用に買ってから、寝たふりをして親に隠れてどんどん聴くようになった。大げさに言うと家族と見る世界じゃなく、自分一人で聴く世界へ飛び込んだという。

——ラジオっ子だったんですね。

越智　僕の記憶ではその時代、洋楽はすべてポップスとまとめられていて、エンニオ・モリコーネ、カーペンターズ、レッド・ツェッペリンが一緒にかかる。そのあと少しずつジャンル分けされていって、こっちも音楽にはまっていった。映画音楽と沢田研二から始まって。そのあとはひたすらロック。最初はやっぱりディープ・パープルで。ちょっとしてから10CC、ロキシーやルー・リード。僕が理屈っぽくなっていくのと、ラジオで音楽を聴くようになるのとが同時進行だった。いや、ラジオがなかったらこうはなってない。そういう意味で、ラジオはものすごく罪深い（笑）。

マニアな話も許容するラジオの懐の深さ

——忘れられない番組があるそうですね。

越智　80年代のある晩、ラジオを付けたら、60年安保を振り返る特別番組をやってた。「安保闘争とは何だったのか、デモのなかで亡くなった樺美智子《かんばみちこ》さんとは」という公開座談会と、かつての再現ドラマの再放送。それらの内容が衝撃的で、翌日、学校で会った友達と「聴いた？　なんかすごかったなあ」みたいな。あの衝撃は僕の今の本業に深く関係している気がします。

——そういう偶然の出合いを生むのもラジオのいいところなんですよね。

越智　ラジオの場合、番組欄ってあんまり見ないでしょ。偶然聴くものも多いですよ。だいぶあとになって、あの安保の特番はTBSのアナウンサー林美雄《はやしよしお》の企画だったと知った。それで興味が湧いて、『1974年のサマークリスマス』（柳澤健著）という、林美雄についてのノンフィクションも読みました。

——その後、ご自身がラジオで話して、選曲もすることになるわけですが。

越智　楽しいですよね。自分の好きな曲はみんなにも聴いてもらいたいという欲望というか。それに自分が聴いていた番組ほど面白いという自信はありませんけど、リスナーに同意される・されないは関係なく、言いたいことにはこだわっているつもりです。言いたいことがなければ、ラジオで話してはいけないと思う。

―― すみません（笑）。テレビとラジオの違いは？

越智 テレビだと、例えば3人のおっさんを並べて、それぞれがABCという違う意見を言うのはいいんですけど、一人がA&Bという複数の意見を並べて言うと、見ているほうはたぶん混乱する。それでいうとテレビは人形劇に近いですね。それぞれのキャラがはっきりしている必要がある。でもラジオは一人が両論併記的に話してもたぶん通じるんです。もう一つの違いはマニアックさ。FM PORTで話し始める前、BSNの鍵冨徹さんの番組に長い間出ていて、ラジオでの話し方を鍵冨さんから教わったように思います。あるとき生放送中に僕がマリアンヌ・フェイスフルについて話し始めたんですけど、マニアックな話になってきたなあと思って途中で止めたんです。そしたら鍵冨さんが放送後に、「あれは止めなくていい、ラジオはどんなにマニアックでもいいんだ」と。テレビならフェイスフルはこんな人だよとステレオタイプな像を出すけど、ラジオは専門的でいい。なるほどと思って、その後は鍵冨さんの番組でもモーゲーでも「オチ付け！ニッポン!!」でもとことん喋ってます。でね、これ話しても多分知ってる人いないだろうなと思っても、恐ろしいメールが来る。「越智先生も見たことないと言っていたLP、持ってます」とか（笑）。それがラジオの凄味でもある。

―― その、とことんやるところが人気なんですよ。

越智 人気がある？ 敵は多いでしょ（笑）。

―― 賛否があるからいいんです。

権力の暴走を止めるメディアのあり方とは

―― 政治におけるラジオの影響力とは？

越智 ラジオに限らず、マスメディアが政治に与える影響力はあるし、逆に政治がマスメディアに与える影響もあります。それも、ソーシャルネットワークができてからだいぶ変わってきたと思いますね。安倍政権がやったことというのはマスメディアの批判精神をどう封じ込めるかですが、それは成功していて、それと同時に起こってきたのは「政権批判は極端な意見で、政権擁護は中立だ」という考え方。それは問題が大きい考え方ですけど、今、社会全体に浸透しつつある。

―― 越智先生の政治論は中立でないという意見はよく番組に届きますね。

越智 政治に中立はないというのは政治学のイロハなんですけどね。僕は権力の暴走はいいことを一切生まないし、権力を三つに分けて相互にチェックし合う三権分立も、人類の考えた重要な仕組みの一つだと思っています。マスメディアもいろんな問題を抱えていますが、その領域を守ってきたのは、それが権力を監視して権力の暴走を防ぐ役割が期待されているから。人類の経験からみて、マスメディアが権力に協力してもろくなことにはなっていません。だからマスメディアはどの政党が与党になろうが、権力を監視すべきです。そのためにもマスメディアに必要なのは社会の中にあるぼやっとした批判精神みたいなものを見つけることです。世の中が一つのことだけを好んだり、一点に突っ走ったりする時に、「それおかしいよ」「ちょっと待て」とブレーキ役になって、「こういう考え方もあるんじゃないの」と慎重に言語化して世間に届ける。

―― そういう役割はラジオがやりやすい？

越智 新聞とラジオは、テレビに比べたらやりやすいと思います。組織の中の意見だって一つにまとめるのは難しいんだけど、Twitterでは「BSNはこうだ、PORTはこうだ」と決めつけて書き込む人がいる。そんなことあるわけがない。局の中にも僕の意見を毛嫌いする人もいるだろうし、僕の政治の見方を認めてくれる人もいる。複数の考えが局の中にあるからこそ、世の中が一つのことを好んだ時に、「ちょっとおかしいんじゃないの」という別の意見も出せる。

―― PORTもそうでしたが今のBSNでも「それを言うな」はないんですよね。

越智 本当は新潟の放送局は田中角栄の批判を本人が生きているうちからもっとやるべきだったんですよ。皆が田中を支持しているときだからこそ、「ちょっと待て」という番組があったっていい。ラジオはそれができるメディアだし、不謹慎な言い方をすればそこが面白いところだと思うんです。

―― 面白さの比喩として、今日のTシャツはゴジラとラジオをかけているのですね！ ラジオは、遠藤麻理はもっと暴れろと！

越智 特に意味はない。

―― ないんですね（笑）。

越智敏夫
1961年、愛媛県西条市生まれ。新潟国際情報大学・国際学部教授。現代政治理論の発展と市民社会・政治文化を研究。2006年から『モーニングゲート』の名物コーナー「オチ付け！ニッポン!!」にレギュラーとして、2020年の閉局まで出演。現在はしゃべりの舞台を『四畳半スタジオ』（BSNラジオ）に移し、舌鋒鋭いトークを繰り広げている。

久世留美子

KUSE RUMIKO

フリージャーナリストでビジネスプロデューサー、アルマーニやジェーン・バーキンにインタビュー経験があると聞いて、その華やかさとカタカナの多さに圧倒されたのですが、話してみたら、飾らず気取らずサバサバしたかっこいい姉御でした。それでいて仕草やファッションが洗練されていて、颯爽としていて美しい！ 女性にモテるのも納得です。

世界の今　現地の生を届けた火曜日

――モーゲーの火曜コーナー「アラウンド ザ ワールド」は、9年7カ月にわたって放送されました。久世さんは当時、パリに住んでいたんですよね。

久世　パリには18年くらいいました。その前はミラノとニューヨークに合わせて7年。

――何カ国語を話せるんですか？

久世　英語、伊語、仏語、そして日本語の4カ国語です。言語は道具でしかないので、それで何を作るか、何をするかが大事だと思っています。

――毎週、コーナーにはどういう気持ちで臨んでいましたか？

久世　私はフワーっといろいろなところへ行ってしまう気ままな凧で、番組はそんな自分と新潟をつないでくれていた凧の糸ですね。いつもアウェイにいたけれど、私はホームとつながっているんだ、という安心感をくれる「安全の紐」というか。

――週1のレギュラーで生放送だったから、必ずあの時間に電話に出なければというのはプレッシャーでもあったと思います。

久世　本当に、よくやりきれたなって思いますね。病気にもならず。

――穴もあけずに素晴らしいです。話題選びでは、どんなことに気を付けていましたか？

久世　日本でも報道されているニュースを取り挙げる時は、日本でカバーされていない側面を紹介したり、新鮮な視点の意見を出したいと思っていました。日本から見えづらいものに光を当てることを意識していましたね。

――久世さんの友達や隣人の意見といった、現地の生の声を毎週聞かせてくれましたよね。だからすごく面白かったし、人気のコーナーだったのだと思います。

女性に大モテのスマートさ

――久世さんには一人の女性や人としての生き方、考え方もお話しいただきましたけど、どんなことにも誠実に、そこまで赤裸々に？というくらい話してくださって。シングルマザーとして息子さんを育てていらっしゃるんですよね。

久世　夫はフランス人で、息子が3歳になる前にシングルに戻ったのでとにかく息子を食べさせて寝かせて、学校へ行かせて仕事をして、というサイクルをひたすら走っていました。誰でもその状況になればやると思います。でもそれは、フランスだったからできたのかもしれないと今振り返ると思っています。

――というと？

久世　社会のシステムが、ひとり親家庭に対してサポーティブなんです。それなのに、私は変なところに意地を張って、片親手当をもらいませんでした。手続きが面倒だし、もらうくらいならその分働いて稼ごうと思ったし（笑）。で、何に助けられたかというと、とてもフレキシブルだったベビーシッターを探すシステムです。ベビーシッターの報酬を国が発行した小切手を使って支払うと、自動的に依頼主の私とベビーシッターの両方が税控除される。そのシステムは素晴らしいし、旦那さんがいくら稼いでい

久世留美子
東京都生まれ。2008年10月、株式会社Luminateoを東京に設立。日本と欧州におけるプロデュース、コンサルタントを主業務とする。『モーニングゲート』火曜日のコーナー「アラウンド ザ ワールド」では世界の〈今〉をレポートした。

ても奥さんも働いて社会とのつながりを持つのは当たり前、という国の考えにも助けられました。

―― 外国で離婚となればふつう、日本に帰って来ようとなりませんか。なぜ留まったんですか？

久世 私一人だったらきっと帰ったと思います。けれどそれは、息子目線から考えるべきこと。息子はお父さんのそばにいる権利もあるし、いたいだろうし、それなら息子が18歳になるまでは、お父さんといつでも会える場所にいてあげようと思って。

―― 今も息子さんはお父さんと仲良くしてますもんね。

久世 日本に帰るって言われたら、ショックだったと思いますよ。

―― 久世さんは「誰でもその状況になれば皆やります」と言うけれど、そういう生き方、やっぱりかっこいいなぁと思って。だからリスナーは女性ファンが多かったですよね（笑）。

久世 男子にモテたいんですけどね（笑）。

―― 圧倒的に女性でした。

久世 中学生の時からずっとそうなんです。高校も女子高でしたけど、チョコをもらったりとかね。おかしいなぁ（笑）。

大切なことは今をいかに生きているか

―― 「アラウンドザワールド」では、決して一つの意見を押し付けませんでしたよね。こういうところもあるけれど別の見方もあると、両面から発言していましたよね。

久世 常にそうですね。皆がそれぞれ違う視点を持っているということを大切にしています。例えば太巻きをね（笑）、遠藤さんは断面から、私は横から見ているとする。全く同じ物なのに、遠藤さんには円の中にいろいろなおいしそうなものが入っているように見えるし、私は「えっ?! 真っ黒い長方形じゃん」と思う。でもどちらも正しいですよね。だから遠藤さんに対して、「太巻きって真っ黒で長方形だよ」と押し付けないようにしたい。「そうか、遠藤さんには丸くカラフルに見えるんだな」と。

―― 他にも何か心掛けていることはありますか？

久世 与えられた環境のもとでベストを尽くすことですね。心を過去にも未来にも持っていかず、今ここに集中します。今が良ければ過去の解釈と見え方は変わるし、未来は今の延長でしかないから。

―― きつい状況になったときは、どんなふうに考えますか？

久世 その状況を俯瞰して「ウケる！ 私こんなにやられてる！」と、自分を笑うように持っていきます。生きていれば実にさまざまなことが起きます。自分のコントロールが及ばないことも多い。でも人生に失敗はなく、単に経験が増えるだけだと。どれだけの事をどんな気持ちで経験してきたか、だけだと思っています。

―― これはやらないと、決めていることはありますか？

久世 人の意見に左右されることです。例えば誰かが、「遠藤さんって嫌な人でさ、酒癖も悪いよ」と言ってきたとします。

―― 当たり、当たり（笑）。

久世 へぇそうなんだ、とまず聞いて。でもそれはそこで止めておいて、実際に遠藤さんと会って、本当に酒癖悪かったらそれでいいし（笑）、本当に嫌な人だなって思ったら、私の中でもそういう人だという認識を定着させる。それまでは、しない。

―― 先入観で見ないということ。

久世 はい。そして、その人が何を言うかではなく、何をしているか、何をしたか、行動を見ます。自分に対しても、同じ基準でジャッジしています。

―― 今日はリモートでしたけど、久しぶりにお話しできて楽しかったです。

久世 私、遠藤さんと出会えて本当に良かった。以前も言いましたけど、私が男性だったら遠藤さんに「付き合って」とお願いしてます。別に同性でもいいんですけどね、ちょっとまだ私にはそこのハードルが……。

―― （笑）。光栄です！

【ラジオこぼれ話】

遠藤：胎内の「こまんじゅうや」は久世さんのお父さんのご実家？

久世：はい、そうです。よく行きますし、息子が日本に帰ってきたときも必ず連れていっています。今経営しているのがいとこですね。

遠藤：それでリスナーの皆さんには明かしていなかったのですが、久世さんは毎回ちゃんと原稿を書いて送ってくださっていました。

久世：すごい雑でした。すみません。

遠藤：いえいえ。箇条書きでもなくちゃんとテキストで送ってくれていたことに誠実さを感じました。まぁ、話はその通りにいかないんですけどね！（笑）。

城丸正

SHIROMARU TADASHI

『モーニングゲート』の大人気コーナーだった
「城丸正のGO！STRAIGHT」のタイトル通り、
我が道をまっすぐに突き進んできた城丸さん。
「媚びない、群れない、とらわれない」男気溢れる一方で、
ものすごく優しくて、照れ屋で、情に厚い、
愛に溢れた方です。会ったらみ〜んなが
好きになる城丸さん、これを読んだらぜひS・H・Sへ！

邂逅　寺山修司に導かれて

――『モーニングゲート』の日替わりコーナー「ことばのこばと」の特別編で、寺山修司に詳しい人を探していたら、偶然城丸さんと巡り会えたんですよね。

城丸　2015年だよね。その翌年から「GO！STRAIGHT」が始まって2年続いた。ラジオで喋るなんて、まったく想像つかなかったけどね。

――お話しにぐんぐん引き込まれて。全国各地の米軍基地を回って、捨てられているものを拾うところから商売を始めた、って。

城丸　うん。まぁ拾う、貰う、借りるっていうのはモットーですよね(笑)。だって金がなければそれしかないし、借りた物を自分の物にして捕まりそうになったこともある。そういうスレスレの所で生きてみると、いかにいい人ぶって生きる事が面白くないか(笑)。俺はSHSを人気の店にしようとも思ってなくて、好きな事を好きなだけやって、そういう生き方や商売、あるいは商品を「いいね！」って言ってくださる方を大事にしようと思ってる。そういう人は必ずいるし、相手の心の中に宿ると思っているから。

――万人に受け入れられようとは思っていないんですよね。

城丸　皆に受け入れられるようなことをやってたら、ほとんどの人は離れていきますよ。本来の個性って、ラジオでいえば単にファンをたくさん増やすっていうことではなくて、「ラジオの向こうのたった1人のお客様を楽しませるためにどうするか」ってこと。これだけハイテクな時代になっても、そういうアナログな濃い部分はものすごく大事でね。今はスマホで人とも会えるし情報も取れるけど。

――それってリアルじゃないと、繰り返しおっしゃっていましたね。

城丸　そうそう、やっぱり現地に出向いて人に会うとか、行動に移して初めて身体の中に入っていく。俺も若い頃はアメリカに憧れて、アメリカの空気に少しでも触れようとトラックに乗って基地回りしてた。寺山修司も俺より20歳くらい年上で、学生の俺から見てもアウトローで恰好良くてね。青森の三沢基地に行って、あっ、寺山の出身地はここかと、必然を感じたのね。寺山作品の一説である「100年経ったら帰っておいで」って言葉も胸に響いてね、商売がうまくいかない時も、背中を押してもらったの。壁にぶつかると俺、「もう一回やってみよう」と基地に行くんですよ、原点なんだよね。

城丸正
1950年、新潟市秋葉区小須戸生まれ。大学卒業後さまざまな職業を経て、32歳のとき「リサイクルショップ　ツールボックス」を開店。同時期より50歳代まで、全国各地の米軍基地を回り、アメリカの古道具を収拾する。現在は鳥屋野エリアに「SWEET HOME STORE(s. h. s)」本社・本店を構える。2016年～18年まで『モーニングゲート』で「城丸正のGO！STRAIGHT」パーソナリティ。

未常識が心を動かすという理《ことわり》

―― 「GO! STRAIGHT」ではお店の宣伝をしなかったですよね、それはなぜですか?

城丸　自分がリスナーなら、店の情報なんて聴きたくない。その人がどんな考え方を持っているかに興味があるから。そこで共感とか共鳴が起これば、店に行ってみようかなってなる。それで実際に声と顔が合致して、会った時の雰囲気が良ければもっと深いファンにもなるでしょ。あと言えるのは、人の心を動かすのは、非常識で未常識な人。俺、地方で何かをやる時に、絶対的に味方につけなきゃならないのは「自然」だと思ってるんだけど、ここ(鳥屋野)で店をやりたいって言ったら銀行さん、「あんげの場所に人なんか来るの?」って(笑)。でも結果的に、今こうして大勢のお客様が足を運んでくださってる。一般的な常識を持った人の意見を聞いても始まらない。そして、人脈はクソだ!(笑)。

―― (笑)。人脈、大事じゃないですか。

城丸　人脈が何のために必要かといえば、損得勘定ですよね。するとその"群れ"から離れられなくなって独創的なことができないから、み〜んな似ていく。だから俺、一つも会合に入ってない。

―― 皆、何かあった時に助けてもらおうと思って、人脈作って……。

城丸　助けてなんかくれねーわ(笑)。FM PORTも誰も助けてくれなかったじゃん。一人でちゃんとやっていけるぐらいの規模が、身の丈。その辺をどう見極めるかだと思うんですよ。

―― 店づくりとラジオ作りは似ていますか?

城丸　一緒ですよね。儲けを出して継続できるかはまずはファンに、ネットでは買えない価値をどう提案するのかということ。うちはお客さんにここまで足を運んでもらい、周辺環境も含めた価値を感じてもらう。ラジオも同様に、「遠藤麻理の番組はどうしても聴きたい」と思わせなきゃいけない。本音で言うとradikoは便利だけど、ネットで買えるのと一緒だと思う。

―― なるほど。

城丸　だからなお、BSNの午後の時間は絶対にラジオのスイッチを入れたくなる仕掛けが必要かな。一つ揺るがないのは、遠藤麻理は今後も表現者として年齢を重ねるということ。声は枯れていくかもしれないけれど、そこでまたファンができる。死ぬまで遠藤麻理を、演じきる。そこは代替わりをしていく我々の商売とは、違うところなんだろうね。

【ラジオこぼれ話】

遠藤：城丸さん、テレビは出ませんよね?

城丸：出ない。この頭でこの顔だったら出るわけないじゃないですか。

遠藤：ラジオは出てくださいますよね。

城丸：顔が出ないからいいんじゃないですか!

遠藤：あ〜一緒ですね。それ、理由が(笑)。

城丸：な〜に言ってるんだ?また〜(笑)。

モーゲー"金曜オーディション!"川柳 殿堂入り作品

A SENRYU

リスナー参加の、毎週金曜日のお楽しみ川柳コーナー「金曜オーディション!」。3週連続勝ち抜いて見事「殿堂入り」を果たした皆さんの川柳です。

1 理科室の 水の勢い マジすごい! リアルギャラガー

2 胃弱です 信じてもらえぬ 肥満体 トロ鉄火

3 フジロック リキヤ ホタテのロック じょう
ボクシング リキヤ ゼッタイツヨイ
ナツマツリ リキヤ ヤキホタテウル

本来、チャンピオンは同じ川柳で3週勝ち抜くのに「ホタテマン・安岡力也ネタ」で毎週投稿し勢いで殿堂入り

4 チョコもらい ホワイトデーは 死んだふり らぶらぶぽんち

5 木枯らしの 枯葉と踊る バーコード エビラ

バーコードとは髪型のことだそうです

6 風邪ひきたい 旦那の実家 行きたくない 蒼優

7 払ったよ 俺は年金 払ったよ たかきち

「消えた年金問題」の頃ですね

8 ナイスショット ハナカミ親父 クズカゴへ マー君50才

ハニカミ王子ことゴルファーの石川遼くん大活躍

9 ふくよかな きみも意外と 愛おしい さるお★

10 寒くって 背中のあいつと 仲直り 背高あわだち草

11 節分は お面いらない 妻政子 長谷川ルパン
気をつけよ 政子手作り チョコレート
出て行った 鬼ヅラ政子 目に涙
鬼でいい 政子の帰り 待ちわびる

妻政子さんとの日々を綴ったシリーズ川柳。出て行った政子さんの帰りを皆で待ちわびました

12 ひらひらと 黒髪飾る 花簪《はなかんざし》 淘現鏡

13 黄金の 稲穂サーファー 赤トンボ あずき

14 お前もか 海越えトキに 涙する 過疎の悲しみ

15 卒業式 ツッパリ息子の 目に涙 茶人
冬将軍 春の女神と しこをふむ
おはぎ食べ 亡き祖母の味 思い出す

16 連休も 何する訳では ないけれど 妻と手をとり 歩く川辺を ヘビメタおやじ

川柳でも何でもないけれどほのぼの感にほだされて殿堂入り

17 父の日よ 盆暮れ以上に 盛り上れ! 私の私の彼は左ぎみ

18 文理ナイン 大い(大井)に道を(道夫) 突き進め 超低血圧ママ
文理ナイン 大いに道を 突き進み 終わらぬ夏に 県民一つ
文理ナイン 大いに道を 突き進む その偉大さに ただ脱帽

甲子園で大井道夫監督率いる日本文理高校が準優勝した夏(2009年)でした

19 寒くない? 日めくり薄着に なっていく 子虎

20 留守まもる 冬の公園 雪椿 スマイルレインボーママ

21 君乗せて 駅まで送る 日もわずか 油揚げ

22 このままじゃ 総理の椅子が 移設する カール51
支持される 友愛よりも 遼・愛が
公約は 良薬よりも 口苦し

基地移設問題に始まり、3週違う時事ネタを投稿し殿堂入り

23 またおいで 孫の笑顔に 秋の空 ノーテンキ・オンチャ

24 彼岸まで 布団の蹴り合い いま取り合い とがしでんき

25 晩秋の 寄り添う影に 赤もみじ 元祖じじい

26　おおみそか　受験生は　ノーみそか　りーちゃん
早起きは　3問も解く　本試験

「早起きは三文の徳」とかけてあります

27　乗り遅れ　仰いだ空に　桜の丼　フローラ

28　よかったね　東北明日は　晴れだって　rimi

この年（2011年3月11日）、東日本大震災がありました

29　ピヨコピヨコと　ピヨコピヨコピヨコと　麦茶つぐ　マフィンズ

30　夏の夜　入道雲を　一気飲み　父ヒロシ

31　佑ちゃんよ　あんたは家族を　養える　スキンヘッドロック
うちはねぇ　10分の1で　やっている

2011年4月斎藤佑樹投手がプロ初登板。この前の年に新人としては最高評価の年俸1500万円で日本ハムと契約

32　吹き抜ける　ダメージデニムの　すきま風　まめつぶ

33　雪国は　心と体が　強くなる　ノズマ

34　整髪料　髪に絡まず　眼に流れ　貝瀬

35　時（朱鷺）満ちて　大空に舞う　朱鷺（時）を待つ　着物美人

36　川の字が　すきま無くなり　1になる　紅いトラ

37　金曜の　ヤル気をつねに　持てたなら　運転手

38　空弁当『うまかったよ』って　感謝状　おふくろ

39　手をのばし　夏の星座☆を　ねだる孫　りん。

40　20年ぶり　届いたメールは　18切符　ぽぽちゃんのママ

41　春物か　値が張る物か　迷う春　うどん

42　『よろしく』と　我が子に名刺　差し出され　親父の一歩

就職が決まった我が子からできたてホヤホヤの名刺をもらって感無量のお父さん

43　クールビズ　ビール飲み過ぎ　ビールクズ　石野岩男になりて

44　蒸っし蒸し　鈴虫水ムシ　カブトムシ　取締役

何の脈絡もないけれど勢いで殿堂入り

45　もう秋だ　十月には、へ　冬が来る！　お馴染みのオオコシ

46　鉛筆を　休めて笑顔　『おでんだね！』　もやこ

居間で勉強中のお子さんが、台所から漂ってきた美味しいにおいに気がついてのひと言

47　五十路恋　ふき味噌みたいな　ほろ苦さ　めだか3号

48　忘れない　陣痛中に　寝た夫　加茂のお母ちゃん

49　夏休み　行ってもないのに　絵日記に　すっとみっくす

50　『汗かいた』一点張りの　おねしょの日　さちこ

51　夜桜を　夫に誘われ　紅をさす　隠れ麻理ファン

52　「フォーエバー」今となっては　燃えぬゴミ　はなはな

夫との記念の品に書いてあった文字が「フォーエバー」

53　海　山　花　開く開くね　4月だね　ジョニーゴア

54　おい、マジか！　パパの水筒　水道水　こかパパ

55　安倍首相　二度と食わない　モリとカケ　ジマコ

もりかけ問題の頃ですね

56　夜道では　夫の頭が　道しるべ　コタロー

57　ルンバ君　やたらぶつかる　おれゴミか？　金太郎侍

58　パッド入り　バブル期肩に　今ブラに　甘酒

59　おててより　うまいものは　なかりけり　かつー

かつーくんちの赤ちゃんがおててをいつも口元でうまうましているのを見て詠んだ子ども川柳です

60　いちごの香　愛しい娘の　寝息から　お腹がポンポコリーナ

61　絵本読み　聞こえた気がした　母の声　かずこ

62　消えかけの　記憶をたぐり　桃撫でる　ロマンスの国あまくさ

63　「丁寧に」見られていない　ところでも　大阪からケメヒコ

64　玉鷲は　嵐たちより　年下だ　むさし

大相撲の玉鷲関が34歳2カ月で初優勝（2019年初場所）

65　ママごめん　おならで座薬　出しちゃった　みやび

66　幼子の　指先香る　いちごの香　しましまパジャマ

67　水鏡　蛙飛込　山歪む　魚沼sk305

68　車間距離　前は取れても　後ろ無理　チックタック

69　寒すぎる　一人ぼっちの　一軒家　パイロットブルー

70　人類皆　ともに助け合う　一人っ子　マルガリータ

71　モーゲーは　遠藤麻理の　自由時間　ぽこトリス

72　まりさんよ　佐どのなのはな　きれいだよ　けんきゅうはかせ

小学生リスナー。放送ではラップ調で読ませていただきました。

※ディレクター・スタッフの保存資料より作成。個人が資料として管理していたため、一部漏れや誤記入の可能性がありますが、なにとぞご容赦ください。

モーゲーおおふだ一覧

OFUDA LIST

資格試験や入学試験、安産などに効果を発揮するとして絶大な人気を誇っていた「モーゲーおふだステッカー」。8つの願いの頭文字がデザインされていますが、恋愛だけには効きません。効力を高めるため、おふだを胸に滝行したり火渡りしたり。合言葉は「うまくいったらおふだのおかげ。もしダメだったら自分のせい」。

▲畠澤チーフDが経費削減のため自らデザインしたダッサイ初代ステッカー。これを見たリスナーたちが「おふだみたい」と言ったことからモーゲーのおふだの歴史が始まりました

←畠澤 チーフD

▲デザインが物議をかもしましたが大人気でした。特に子宝や安産のご利益があったとの報告が多数寄せられました

▲あの会社のあの犬ではありませんよ！

▲この午年から、干支を盛り込むことになりました

▲このサルバージョンは梅雨時に発注したので、サルが傘を差してます

▼色違いの同じ干支のおふだが何枚もあるのはそれだけその年に多く配ったということです

▼モーゲー最後のおふだとなりました。

▼阿賀野市の安田八幡宮裸参りにモコナと無造作紳士アサオが参加してお清めしました。

※虫めがねでじっくりご覧ください♡

美味しいペットフード／ここを妥協すれば結婚できますよ／パンチのある入浴剤／大人になったら辛いこと／眠っている財宝／宇宙人がいそうな惑星／しっとり心和む・B級迷作映画／剣道の声出し(今なんて言った?)／声のでかい職業／食える雑草／鳴き声が大きい動物／警察に聞く取り調べ、職務質問のコツ／食えないけど食えそうなもの／いけてる便所サンダル／名店の条件　オシボリがしっかりいい匂いする など…／本気で美味い、マンガ飯／そういえば朱鷺　最近あまり聞かなくなった気もする朱鷺の最新状況を、朱鷺保護センターに語ってもらう／セミの気持ち／絶対的に体を冷やす／小林旭／しげる松崎／ジャイアントスイングで飛ばしたらよく飛びそうなもの／理解できない若者／理解できないおじさんおばさん／畳の進化／魅力的なふとももとは／当たっても痛くない角　豆腐／兄弟の呼び方／秋の行楽シーズンに盛り上がらない場所／早口で言っても伝わる言葉／一番痛い罰ゲーム／三代目に聞く成功の秘訣／男性の魅力的な部位ランキング／本当に怖かった恋の終わり／人生ゲームのとんでもないコマ／張り込みの極意　本当にあった新潟県警事件簿24時／意外とご飯がススムくん／麻雀師に聞いた、空気の読み方／一発当てた人／土偶の魅力／長いものへの巻かれ方／道にある仏像／夕日を眺めるおじさんに聞く／自分の黒歴史　匿名で　声も変えますよ／日常に潜む爆音／うるさい動物の鳴き声／素晴らしき洋館／相撲業界の言葉／絶対的に子供をあやす　秘伝あやし施術／有村架純のかわいいところ／走っている人にインタビュー／二宮金次郎像の今／インパクトのある自己紹介／やって怒られたこと今年もやってみる／新年会に向けて、特技の開発／お札になるにはどうすればよいのか／痛風は怖いよ／おならの臭いを取る／攻め落とせない県庁／当てたら熱いおでんの具／イエスが生まれた日にノーとは言わせない／今でも忘れられないラブレター／よいこの皆さんまねできます／FM PORTの七不思議／ヘビーリスナーに聞く素朴な疑問／じいじ化が止まらない／抱き枕の代わり　枕木／噛んでしまった時のごまかし方／大滑りしたときの大逆転／グレープフルーツが嫌われてる／気になる他局の番組／料理できない人の行為(パスタに火をつける　包丁を両手で　米を洗剤でカレーが焦げた　肉まんが真っ黒)／抜けなくて取れなくて、鼻のビー玉・指輪、木の穴／使えたらカッコ良い忍術／水のままでもうまいぜ／消防士が消せないもの／牛丼の通な食い方／ジャンプに出てくるキャラの最強技／伝説のくしゃみランキング／だれのうふふふふふでしょうランキング／一発で起きれる音、蚊の音、バズーカ砲／ハエを捕まえる達人にきく、集中力の高め方／ブラジルの方に聞いたお尻の魅力　美尻のススメ／B'z稲葉になりきるランキング／私はこれでやめさせられました／こっちは本気だぞ／本当に取った出前／強度の高い結び目／すごい接着剤／総長のその後、ツッパリ君の主張／**最強の味覚　甘、辛、しょっぱ、酸っぱ、苦**／壁が薄すぎて聞こえちゃう、解消法／必ず痩せる錠剤／インタビューで起きた衝撃の出来事／あなたの反面教師／色々なハートマークにみえるもの／私こそ日本の中心／ものすごく基本的なランキング／箸にも棒にもかからないランキング／スタッフの好きな散歩コース／遠藤麻理の取説、幼少期を知るものランキング(同級生、恩師)／やらせなし、FM PORT大好き社長さん集まれ!／花は見ないで、あれを見ろ　新しい花見／発音のわからない曲名／絶対覚えられない店名／森昌子に学ぶ子育て論／閉店したお店へのお礼の言葉／美味しい非常食全部美味しい／2位じゃだめですか?　注目されない2番目／シュウマイの上に乗せたらチョウウマイもの／筋肉バカ／色々な卵焼き、しょっぱい甘いに囚われていませんか?／食べられるゴールデンボール／バリ随一の景勝地、キンタマーニの魅力／赤チンの謎／さとちんさんはノーギャラでどこまでやってくれるのか／俺さん登場　俺の10連休ランキング／モーゲー働き方改革／梅ジャムのおじいちゃんは今／ミルクの可能性を広げるランキング／すごいメイちゃんランキング／砂浜に落ちているものランキング／喫煙者にオススメするタバコの代わりランキング(花の蜜・哺乳瓶・おしゃぶり・リコーダー・吹くと伸びるおもちゃ)／傘の代わりになるもの(椎茸 etc…)／シャレにならなかったいたずらランキング(プールに増えるワカメ投入)／トークに支障をきたさない食べ物(わたあめ　etc…)／御瀧政子先生の疑惑(A型4位が多い・新潟に寄せてきている・しっかりGW休んでいる・幸運の鍵でおしゃれなアイテムを多用しすぎ)／ジングルの声の人と喋ろう／コンビニでバイトしている外国人の悩み／宜保愛子の伝説ランキング／サッカー選手が蹴ったら飛びそうなモノ／とりあえず糠につけてみる／古墳にコーフンランキング／勝手にベタ褒め!平野歩夢くんに届け!!／遠藤さんに催眠術をかけてみた with ウソ発見器／アメコミマニアの野伏に聞くマーベルランキング／貞子になんて任せておけない!日本の怖いもの／楽器やっててモテましたか?ランキング／モコナの小さな変化／ジムで走っている人に聞く、あなた何を思っていますか?／名前出せば何とかなるランキング／気をつけて!写真撮影での古いポーズ／ドライブイン豊山／食べ過ぎに注意!お腹壊しちゃうぞ?ランキング／凍らせると美味しいもの(センブリ茶のシャーベット・デスソース・三杯酢)／何で戦わせたんだ、映画ランキング／JKに寄せてみよう／JK、こっちに寄せてこい／炎上した人に学ぶ、バズる方法ランキング／餃子で、色々包もうランキング／何でも蒸してみようランキング／奥さん、内緒ですよ?秘密のデス創作料理(デスパン・デスつみれ・デスヨーグルト・デスパスタ・デスライス・デス死(デスソース+酢飯)・デスピス(デスソース+カルピス)・デスープ(生クリームでまろやか系に)・デステーキ・デスアイス・デス蜜(デスソース+はちみつ)／雨乞いの儀式ランキング／雨の日にオススメ、告白の仕方／献血の魅力／親父に聞く、サンタフェの魅力／緊急事態にオススメ!タイヤの代わりになるものランキング／勝手にベタ褒め!八村塁くんに届けランキング／レインコートに変わるものランキング／モコナのTシャツランキング／街に落ちてた、レシートランキング／寮母は見た!ランキング／車のボンネットで色々焼いてみた／FM PORTに送られてきた、とんでもないもの(カモ・枝豆の栽培キット・座椅子)／理論上、肌に塗ってもいいものランキング／人の怒らせ方ランキング(注意喚起)／顔につけたら冷たいものランキング(夏限定)／デスソース仕込みのモコナさん(辛王)が認める、辛いものランキング(お口直してセンブリアゲイン)／浜辺の人に聞く、浮かれぽんつくランキング／もっとくれ、おかわり差し入れランキング／木の棒やバットがない時に使える、スイカ割り道具ランキング／「天気の子」を観てきた人に聞く、「愛にできることは何ですか?」ランキング／午前2時に踏切に、望遠鏡を担いで行ったら起こることランキング／お坊さんの煩悩／ウミウシとはなんぞや／無造作紳士アサオの自由研究／丸い糞ランキング／いろんなうんちグッズ／ムッシュが作るとマズいけど、プロが作ると美味しい料理／野糞の素晴らしさ(合法的野糞・お尻拭きに向いてる草・後始末・違法的野糞をしてしまわないために)／フリスビーの代わりになる物／同窓会にお邪魔させてもらえませんか?／バナナボートに乗るときにつけると良いオイルランキング／美容師に聞く、会話を持たせる方法／素敵なシャウト／酔ったら気にならなくなるものランキング／炎上した時の対処法／ネットリテラシーを学ぼう／滝川クリステルの会見の違和感ランキング／モコちゃんのおしゃれ作戦ランキング／坂道で転がしたら、一番転がる果物／歯医者は怖いよ／便意をおさめるコード進行／喜怒哀楽に効くコード進行／新潟で観られる珍獣／洋次郎さんお疲れ様です!肩たたきランキング／動物たちの交接ランキング／実はモーゲーに腹たってるランキング／お医者さんに聞く、裸族はいいのか／便所に書いてある落書きランキング(モコナの電話番号書いてみた)／人はゴールテープが目の前にあったら、手をあげてゴールするのか／月刊住職が注目する「イカした住職」ランキング／いろんなタックル受けてみよう／辛いよ、中間管理職ランキング／まるで、遠藤さんの顔面ランキング／モコちゃんの突撃となりの晩ご飯ランキング／GO!GO!サークルM(リスナーの家に行ってみる)／医者に聞く、子供に目薬をさす方法ランキング／よく飛ぶ靴&サンダルランキング／今になってパラパラランキング／カレー味にすれば何でも美味い説／ダビデ像の魅力ランキング／受験生の代わりに験担ぎ／朝5秒で目覚める方法ランキング／ドラムロール(123カウント、ロッキー、問題SE、)の後だったら、人は何でも暴露するランキング／七面鳥の秘密ランキング／街の人に聞いた、幸せな嘘ランキング／妖怪／スナックで歌われている人気曲ランキング(歌っている人にコツを教えてもらう)／おせちに入っていてもバレなそうなもの／街の人に『お年玉ください』と言ったらなんかもらえるかもランキング／死を覚悟した瞬間ランキング／人生ゲームに追加した方がいいマスランキング／不快な水鉄砲ランキング(取扱注意)(デスソース 、ポッカレモン、お酢)／手軽に出来る、ストレス発散法(ビンタ)／新潟の金持ちランキング(そこの家にいって「なんかください」)／突然、道ゆく人に縄跳びを渡したら何回飛ぶのか／節分、モーゲークオリティの鬼をお届けします(幼稚園に訪問)／握力の強い職人ランキング／千葉ひろみの秘密ランキング／体の噂ランキング(つむじ押すと痔になる)／東横の店主に聞いた、読めないサイン／人が入っても大丈夫な水槽ランキング(マリンピア日本海とタッグ)／ムッシュ、修行にでる／遠藤麻理に一番似ているのはランキング(顔写真でアンケート)(上島竜兵、菅原洋一、豊山、潰れた饅頭、壇蜜(自己推薦枠)どの辺が似ている?ちびっこにも聞きたい!!麻理さんの素の顔&横顔写真を用意)／マリンピア日本海監修!釣れる、アナザー餌ランキング(よっちゃんイカ、ちくわ、蒲鉾、スルメ、サイコロステーキ)／「男は顔じゃない」って言っている女性の彼氏大体イケメン説／モコナの顔にいくら掛けたら佐藤健になるかランキング／ヤンキーの前で何を舐めたら怒られるのかランキング／トイレットペーパーの代わりになるものランキング(防災、サバイバル)／行列に並んでいる人とあっち向いてホイ、100人斬り／行列に並んでいる人に何人リスナーがいるのか／金で解決できるのは、どこまでかランキング／モーニングおばあちゃん／喧嘩を売ってみよう／世直しもの／ドラゴンがリスナーの家に行って、冷蔵庫のものを全部食べる／水ぐもランキング／FM PORT掃除してみたランキング／予算500円シリーズ／ボツになったランキングランキング／これであなたも真のおのこランキング／遠藤さん、スマホっていいんだよ!ランキング／ありがとう。三越／ありがとう。ホンマ健康ランド／誰でも入れる屋上、良い屋上ランキング／佐渡金山のすごいところランキング／鯉のぼりを使ってできることランキング／勝手に応援ランキング／6月で終わるものランキング／究極の一人遊び、鏡で遊ぼう／食べられる水草／今更聴けない、過去のモーゲー伝説／ホラー映画のこういう演出気をつけろ／身の回りにあるものでできる楽器(みんなで演奏)／すごい手首ランキング／空き缶を宝に変える方法／暇な遠藤さんにおすすめ、一人遊びランキング／スタジオを3時間で変えてみる(DIY)／呪いランキング(現在の日常生活の呪術)／閉局前にやりたいことランキング／押忍と楽しむサントピアワールドランキング／一番衝撃を吸収できるものランキング(スライム、綿、プチプチ、座布団)／スタッフドラゴン、第二次公開控訴審／給付金かっこいい10万円の使い道／本当はやりたかったことランキング／明日からどうするランキング

スタッフダイハード!!

渡辺賢介

2014年5月～2018年3月

新潟出身メンバーによるロックバンド「FROM CRESCENT」のギター・ボーカル。バンドの活動休止後、ラジオディレクターの道を歩み始め、現在は東京を拠点に、ラジオ制作と音楽活動を続けている。クリスマスラジオドラマでは脚本を手掛けるばかりか、主題歌「Song of KEYAKI STREET」も書き下ろした。趣味は映画「ドラえもん」シリーズを鑑賞しドラ泣きすること。なお、合コンではおいしいところを全部持っていくことで有名。

スタッフ岡田

2009年12月～2012年9月

埼玉県出身。一見優秀そうなメガネ男子だが、絶望的に滑舌が悪い。第一作目のラジオドラマで主役を務めるも「何を言っているのか聴き取れない！」というクレームが殺到。また寝起きが悪く、1日に2度遅刻（朝番組で遅刻。休憩で家に帰り居眠りののち午後番組でも遅刻）という偉業を達成し、周囲をあきれさせた。スポンサー企業の広報担当者に恋をし、番組内で告白するも見事に玉砕した過去を持つ。

野伏

2013年2月～2017年3月

村上市出身。「前職に嫌気がさした」「母親がラジオ好き」「プリンスと岡村靖幸が大好き」という理由でラジオ局の門をたたく。その性格は頑固そのもの。打ち合わせ時、自分の書いた原稿に登場した「野伏」について意味を尋ねられ、「落ち武者を狩る武装した農民のことです」と同じ説明を繰り返したことから「野伏」と命名される。日ごろからルーズなドラゴンを許せないほど正義感が強いのだが、酔うとその崇高な倫理観は一気に瓦解。先輩の顔をベロベロ舐め回すなど酒癖の悪さが玉に瑕。

モコナ

2014年5月～2020年3月

上越市直江津出身。カタカナが苦手。原稿読み合わせ時「モナコ」を何度も「モコナ」と読み違えたことから「モコナ」と命名される。人名も苦手。永六輔を「えいすけろく」、羽生善治を「はぶぜんじ」と読み間違える。つまり一般常識に欠ける。独特のファッションセンスの持ち主で、特にシャツのダサさには定評がある。スタッフ岡田にならい番組で告白。デートまで漕ぎ着けるも、その後LINEを既読スルーされ終焉を迎える。おふだのお清めで真冬に滝に打たれ、節分には裸の背中にソラマメをさやごと投げつけられ、生放送でデスソースを飲まされてトイレに駆け込むなど、番組のために身体を張ることにおいて彼の右に出るものはいない。

無造作紳士アサオ

2019年5月～閉局

ジェーン・バーキン「無造作紳士」の調べと共に現れる謎の紳士。口癖は「良かったですね」「真のオノコ」、最後は「アッハッハッハッハ」と笑い、全てを押し切る。また、「もし」と呼び掛け、敬称は「氏」を用いる。モコナは「モコ氏」、ムッシュは「ムッ氏」、遠藤麻理は「遠藤女史」。職位や社会的地位などにとらわれず、全ての人と平等に接することが紳士の振る舞いだという強い信念を持つ。そのダンディーボイスのファンは多く、元モーゲーツイッターにアップされた音声動画の再生回数は3万3千以上を誇る。博学で、特に虫と歴史に強い。特技はセミのまねで弱点は胡瓜。

ララガール

2019年6月～閉局

モーゲースタッフ最年少にして唯一の女性スタッフ。モデルのような容姿と遠慮のない物言いで、早々にさとちんに目をつけられる。得意技は手加減知らずの平手打ちとハリセン連打。鋭く尖った言葉のナイフで男性スタッフを斬りつけるが、彼らがそれに快感を覚えていることを悟り、さらに激しく斬りつけるという無限ループに陥る。特にドラゴンへのアタリがキツく、パワーワード「気持ち悪いです」で先輩を一刀両断する一連のやり取りは人気を博した。

ドラゴン

2010年10月～閉局

新潟市出身。元々モーゲースタッフだった姉が、自身の留学のために身代わりとして、番組に提供し入社。故に、遅刻はしないが仕事もしない。しかし、サブカルチャーには精通しており、特にサメ映画とホラー映画が大好物。後輩からの苦情、先輩からの説教を右から左へ受け流しわが道を進む一方で、気がとても小さく、その体躯に似つかず逃げ足もとても速い。磁力に引かれるようにララガールに執拗に付きまとう。

「モーニングゲート」歴代スタッフたち。
彼らなくして番組は成り立ちませんでした。
愛すべき仲間です。

押忍

2020年4月～閉局

栃木県出身。学生時代に応援団で団長まで登り詰めたことから「押忍」と命名。関東からの引越しも完了し、意気揚々とFM　PORTへ出勤したその日に閉局を知らされる。口癖は「押忍です！　気合入ってます！押忍!!」。高橋なんぐ氏を師と仰ぐ。苦手なものは「発泡スチロール」と「梅」だったが、生放送の中で、気合でほぼ克服した実績を持つ。泣き虫。

ムッシュ ムレムレ

2018年2月～閉局

モーゲーお抱えシェフとして彗星の如く現れた謎多き料理人。食器をカタカタ鳴らしながら現れ、震えるハイトーンボイスで「ありがとうございます」と言って去るのが常。包丁を使わない斬新な料理スタイルで、世界のチカコ・サトウを一方的にライバル視している。モコナ、アサオ、押忍に対して、苦手食材を積極的に差し出す猟奇的な一面を持つ。食材としての「草」を愛してやまない。

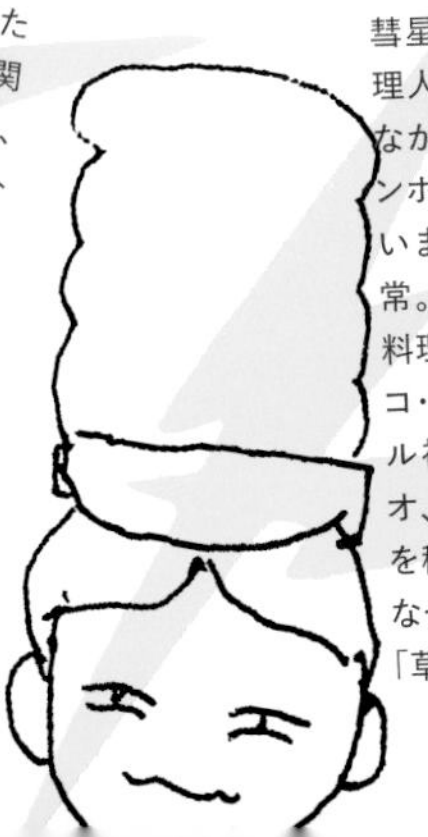

都落ち

2017年4月～2019年4月

東京生まれ東京育ちのお坊ちゃま。何かにつけて「東京では」と東京を引き合いに出し、うっとおしいので「都落ち」と命名。ラジオネームを考えるのが得意で、「パチンコとマラソンが趣味」というリスナーに即興で「博打ランナー」というラジオネームをつけて喜ばれた。シンガーソングライターを自称しており、オリジナル曲「パノラマ」を番組で流そうと何度も試みるも、必ず歌始まりで切られるため、曲の全貌を知る者は本人以外に存在しない。

「スタッフ押忍！の押忍スメ本！」

押忍！　押忍です！　気合入ってます！

自分は遠藤麻理さんが担当していた、FM PORT「モーニングゲート」で4月から閉局までの3カ月間、気合と根性で新潟の朝に元気と気合を届けていました！　押忍！

栃木の男子高校の応援団に所属し、一年生のときは〝ゴミ〟、二年生のときは〝人間〟、そして三年生になると、〝神様〟と呼ばれる現代のカースト制度を耐え抜き、漢《おとこ》のなかの漢！　団長に登り詰めた自分のバイブルを伝えたい！　そう思っています！

我が父は自分にこう言いました。「ホームドラマのような人生と、大河ドラマのような人生。正解はなし。だが、自分の生きたその人生は、波乱万丈な大河ドラマのようでありたいと思わないか」。その言葉に感銘を受け、漢の道、押忍の道を突き進んで参りました！　文武両道、それが漢の道と邁進し、数多の本を読むことで押忍の精神を培ってきました！　この度は！気合を感じる押忍スメの魂が震える小説をご紹介します！押忍！

『楊家将』北方謙三

『楊家将（上・下）』北方謙三（PHP文芸文庫）

「楊家将」は、中国の宋建国から間もない頃、北方の遊牧民族王朝・遼と燕雲十六州を巡る領土争いを繰り広げた、戦の天才、楊業とその家族が一丸となって国のため、家族のために戦いに赴く物語です！

武を以て義を通す父と、七人の息子たちが共に信頼し合い、家族として、戦友として戦いに臨む姿には、三兄弟の末っ子で偉大なる父の背中を見て育った自分も、激しく共感しとめどなく流れる涙を禁じえませんでした！　生放送という戦場で、草の入ったスムージーを一気飲みさせられたり、騙されて苦手な梅干しを食べさせられたり、常に戦いを続けられたのは、この本で学んだ戦場の厳しさをモーニングゲートに生かすことができたからに間違いありません！　押忍！

『路傍の石』山本有三

『路傍の石』山本有三（新潮文庫）

押忍！　押忍！！　二冊目は自分の故郷の本を皆さんに押忍スメします！　押忍！　せっかくなので、栃木弁で書き押ー忍！　栃木の風を感じながら読んでいただければ幸いです！！

栃木の文豪、山本有三って知ってっかい？　押忍といえば栃木県なんだから、知っててくれなきゃだめだんべ。でもこれさえ読んどけば〝だいじ〟だから！　栃木の人と仲良くできっから！　大谷石とかカクテルとかジャズだけでなく、栃木はすごいとこなんだから！　語尾が上がる「タニシ」の発音がおかしいってさ、かっぺかっぺってからかわれたけんども、こっちではみんなそう言ってかんね〜。

この本はね、こんな小さい頃から、お金もなくて、いっぱいいじめられた主人公がつらい境遇でも、一生懸命に生きる姿が描かれていんだ。いいことも書いてあっかんね。

「人生は死ぬことじゃない。生きることだ。これからのものは、なによりも生きなければならない。自分自身を生かさなくってはいけない。たった一人しかない自分を、たった一度しかない人生を、ほんとうに生かさなかったら、人間、生まれてきたかいがないじゃないか」

若輩者の自分だけども、つらくても、悲しくても、自分の人生のために一生懸命に生きるように頑張ってっかんね！　読んだら絶対に栃木に来てください！　待ってっかんね！

『風の如く』富樫倫太郎

『風の如く　吉田松陰篇』富樫倫太郎（講談社）

押忍！　押忍！　押忍！　栃木から戻ってまいりました！　最後にご紹介するのは、幕末志士を描いた作品で、架空の主人公・風倉平九郎が吉田松陰と出会うことから始まります！　さまざまな英傑たちが、自分の国を案じながら、それぞれの分野で努力し、揺れ動く時代のなかで、出会いと別れを繰り返しながら自分の成すべきことを見つけるのです！

自分も新潟の地で遠藤麻理さんを筆頭に、師匠であるドラゴン先輩、モコナ先輩、ララガール先輩、無造作紳士アサオさん、モーゲーお抱えシェフのムッシュムレムレさん…… 多くの人と出会い…そして……あっという間にお別れをしました……すみません！　自分また涙が止まりませんッ！！

押忍ッ！！

話がそれましたが、この本は三部作となっています。気合入ってる自分は一瞬で読破しましたが、読むときは気合を入れて読むことを押忍スメします！

最後に皆さんに押忍からエールをお送り致します！

新潟の皆さんの――――――！！！

益々の幸せを願って――――――――！！！

フレ――――――――――！！フレ――――――

届け！！！気合と根性！！！

押忍押忍押忍押忍押忍押忍押忍押忍

押忍押忍押忍押忍押忍押忍押忍押忍

押忍押忍押忍押忍押忍押忍押忍押忍

押忍押忍押忍押忍押忍押忍押忍押忍

押忍押忍押忍押忍押忍押忍押忍押忍

「スタッフ野伏のお薦めミュージック・プレイリスト」

→皆さん、お久しぶりです。初めての方もいると思いますが、私は元スタッフの野伏と申します。野伏とは…落ち武者を狩る武装した農民のことです。なぜ私が野伏と呼ばれることになったかは……、遠藤麻理さん著『自望自棄』190ページをお読みください。

私は「モーニングゲート」に約3年間、スタッフとして携わりました。ADとして仕事をスタートした時、私はまだ18歳。前職を辞めて飛び込んだラジオ業界は、変わった先輩や不愛想で何を考えているか分からないナビゲーターなどいろんな人種が存在する〈るつぼ〉でした。ラジオ番組が好きだったわけでもなく、ましてや憧れの世界でもなかったラジオ業界。純粋に〝音楽が好き〟で〝音楽が常に流れている環境〟で働きたかった私にとってラジオ業界はまさに混沌《カオス》。今は全く畑違いの仕事をしていますが、あの頃の日々を考えるとまるで夢幻だったかの／ような思いです。ただ、今も音楽に対する愛と情熱は変わることなく続いています。

今回、失敗ばかりで挫折の連続だったあの頃、私がよく聴いていた、皆さまにお薦めしたい曲を、拙いながらも紹介したいと思います。是非皆さまも自分自身のプレイリストを作って、音楽に目覚めてください！

2013年、ラジオの世界に飛び込んだ僕。新しい環境に適応できるだろうか？　みんなと仲良くできるのだろうか？　自分を取り繕うべきか、それともさらけ出すべきか？不安ばかりが募る毎日の中で僕がたどり着いた結論は「**あえて抵抗しない**」aだった。「**好きにしな　もししたいのなら　さあやるがいい**」どんな職場でも自分を貫こう！

自分をつら抜いた結果、余計ひどい目にあったけど。

職場にはいろいろ教えてくれる先輩がいた。その中→

→の一人がOSMディレクターだ。先輩は入社早々、僕に言った。「僕が(女性と)遊んでいる時間、君は音楽を聴いていたんだね」。人生には人それぞれ熱くなるものがある。OSMディレクターは女性に情熱やお金を注ぎ、僕は音楽に注いだ。OSMディレクターが語るプレイリストの意味が、音楽のリストではないことを知った時の衝撃と興奮は忘れない。人生にはさまざまなプレイリストがあり、人の数だけプレイはある。

話をあの頃に戻そう。

失敗ばかりの毎日。怒られてばっかりだな。なんでこんなに怒られるんだろう。なんでナビゲーターにマグカップの汚れが落ちていないって小言を言われるんだろう? こんな茶渋だらけの汚れたマグカップ、そもそもここまで放置していたナビゲーターが悪いのではないか? さては、新人スタッフを試しているのだろうか? これは茶渋テストなのか? いろいろと疑心暗鬼が重なり、評価されない日常の中、僕は毎日心の中でこう呟いていた。「**わかってもらえるさ**」b。茶渋は上手く落とせないけれど、面白い企画もぜんぜん提案できないけれど「**いつかきっと君にもわかってもらえるさ**」。

そしていつしか夢想は大きくなり、新たな目標ができた。「**I Wanna Be Adored**」(あこがれられたい)cという感情を抱くようになったのだ。
それから毎日マグカップを洗い、たまに漂白し、日々企画を考えアイデアもどんどん出した。でもナビゲーターは不愛想なままだった。先輩Dからのアドバイス通りにしても、コミュニケーションのマニュアル本で学んだ通りに接しても無表情は変わらず、おまけに話も通じない。彼女が興味のあることといえばゾンビとカラスとベンガルトラ。音楽との共通項がまったくない。ジェネレーションギャップとは違う、心の分かり合えなさを日々感じていた。彼女はもともと顔の表情筋と心の琴線がないのでは? よく「今日も笑顔で一日を〜!」などと言えたものだ。人は心の中と発言が乖離しても、あのように爽やかに語れるものなのだろうか? ある日を境に僕は心の中で彼女をこう呼ぶことにした「**ROBOT**」d。彼女とは分かり合えないから。でも、同時に認められたい、褒められたいと思っている自分がいたのも確かだった。「**あなたに命令されれば、私は何処でも飛んでく**」。あの頃の僕は相反する感情で常に揺れ動いていた。↗

「彼女の命令を全て受ければよいのではないか?」分かり合うための手段として。次第にそう思うようになっていった。

ある年のこと、「節分の企画で豆まきするから鬼やって」と彼女に頼まれ、二つ返事で引き受けた。OSMディレクターのプレイリストに書いてあった「HADAKA DE MAMEMAKI」プレーを実践したかったからでは断じてない! 彼女と分かり合いたかったから。彼女に評価してもらいたかったから僕は率先して鬼になった。

そして番組内で彼女に豆を投げつけれられた。結論から書く。投げた方が本気《リアル》の鬼だった。普段の無表情はどこへやら。万代中に響きわたる高笑いで楽しそうに全力で投げつけてきた。普段の彼女からは想像もつかない、強いリスト(手首)を使ったスナップスローで投げつけられる豆また豆、豆の嵐。耐え難い痛みで苦悶の表情を浮かべる僕とは裏腹に、破顔一笑、三日月のような彼女の口角。これが本気の鬼なのだ。新潟の鬼といえば三条の鬼踊りや、弥三郎婆が有名だ。でも違う。本当の、本当の鬼はFM PORTに棲みついていた。コーナーが終了しスタジオを去る時に、「麻理さんって、そういうとこあんだよな!!」とブチ切れたことは、僕のささやかな抵抗だった。

そんな僕も、なんだかんだで職場を去ることになった。万感胸に迫る中、心の中に鳴り響いた曲は、名曲「**卒業**」e。「**この支配からの卒業　闘いからの卒業**」。僕は遠藤麻理から卒業したのだ。

いかがでしたでしょうか。音楽のプレイリストを書くつもりが、先輩のプレイリストやナビゲーターのリストプレイを書いてしまいました…。正直、私がモーニングゲートから得たものは分かりません。でも何事も全力でやりきる姿勢を学んだのも事実です。思い切り笑い、思い切り豆を投げられ、思い切りブチ切れる。大人の本気を通して生まれるコミュニケーションは今の私にとってかけがえのない財産であり一生の思い出です。

a ゆらゆら帝国
b RCサクセション
c The Stone Roses
d 榊原郁恵
e 尾崎豊

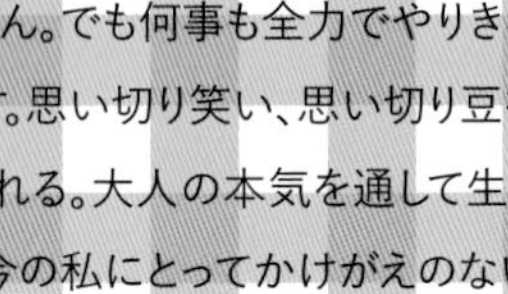

元モーゲーリスナーの皆さん、お久しぶりです。たまたまこの本を手に取ってしまった奇特な方々は、初めまして。

小生、世の移ろいを眺めながら「真のオノコ」を目指して日々精進する、無造作紳士アサオと申します。新潟で生まれ育ち、山梨、高知、そしてまた新潟と、旅をするように人生を送る途中、ふと立ち寄った先でモーゲーに出会い、ひととき、棲み付くこととなりました。目を閉じると、数々の輝かしい思い出が走馬灯のように駆け巡っていきます。シュールストレミング　キュウリ　三越　キュウリ　大映ドラマ　キュウリ博士　キュウリ　きゅうり　胡瓜……。一般的に思い出は美化されると申しますが、小生の思い出の走馬灯は、お盆に飾る精霊馬のごとく、キュウリの形をしております。思えば遠藤女史からの「それって面白いの?」と浴びせかけられるプレッシャーを跳ねのけながらのコーナー制作は熾烈《しれつ》を極め、小生だけでなく、ドラゴン氏、モコ氏（モコナ）、ムッ氏（ムッシュムレムレ）は、さながら悪代官からの年貢の取り立てに苦しむ農民のようでありました。いつ一揆が起きてもおかしくない一触即発の毎日でしたが、遠藤女史の夜叉のごとき形相の前では何も起きることはなく、モーゲースタッフはチワワのようにプルプル震えることしかできませんでした。　合掌。

そこで今回は、その腹いせ…もとい、美しい思い出にひたるために、かつて水曜日の「エンタメフラッシュランキング」で取り上げ好評をいただいた「歴史上の真のオノコ」のコーナーを再現。「圧政に立ち向かった、真のオノコ ランキング」※と称し紹介させていただきたく、馳せ参じました。しばし、お付き合いをお願いします。

※真のオノコとは?…強い志を持って、人生を懸けて何かを成し遂げるべく、世の中に立ち向かう男性のこと。
女性の場合は、「真のオナゴ」となります。

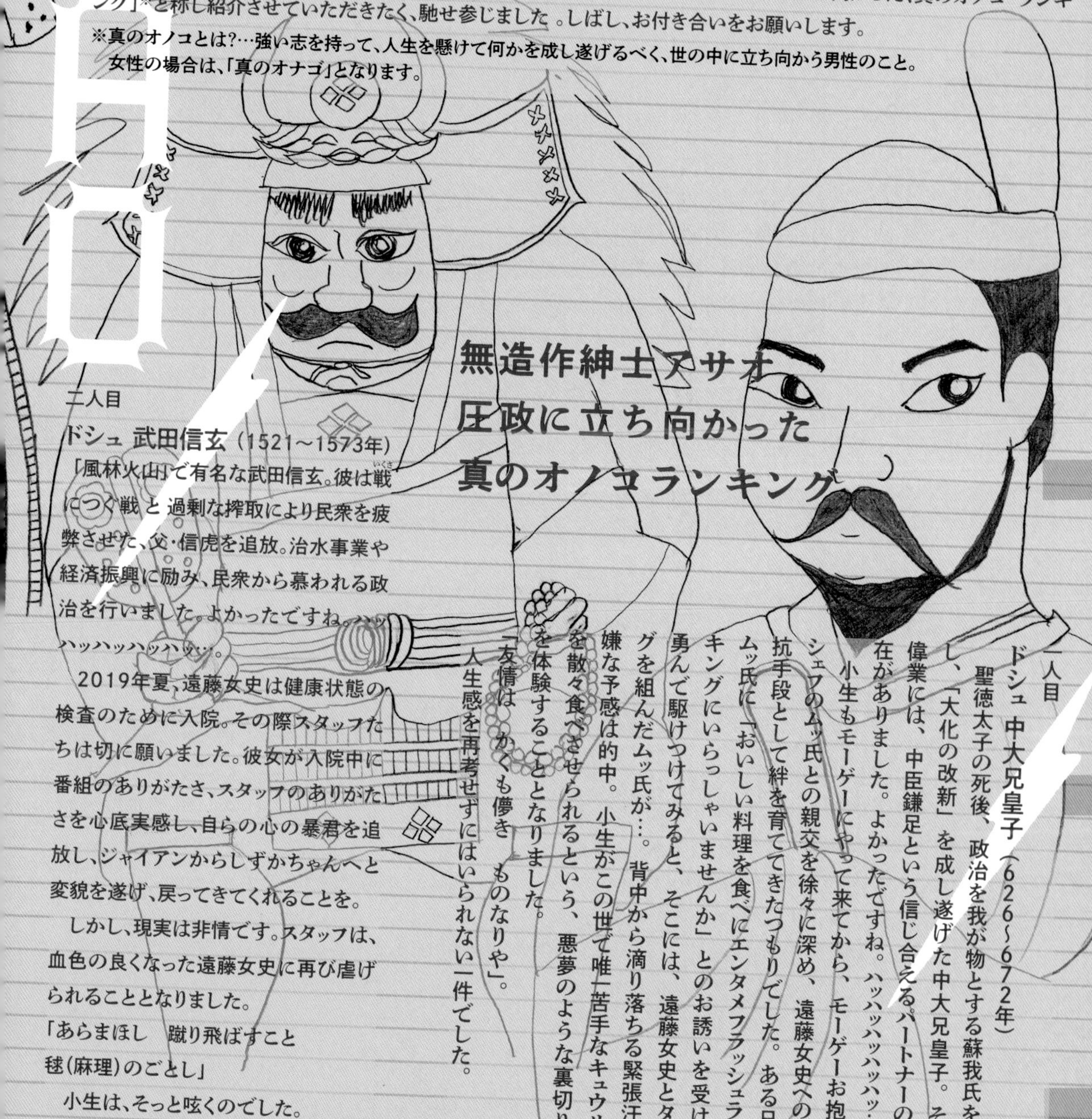

無造作紳士アサオ
圧政に立ち向かった
真のオノコランキング

一人目

ドシュ 中大兄皇子（626〜672年）

聖徳太子の死後、政治を我が物とする蘇我氏を倒し、「大化の改新」を成し遂げた中大兄皇子。その偉業には、中臣鎌足という信じ合えるパートナーの存在がありました。よかったですね。ハッハッハッハッ…。

小生もモーゲーにやって来てから、モーゲーお抱えシェフのムッ氏との親交を徐々に深め、遠藤女史への対抗手段として絆を育ててきたつもりでした。ある日、ムッ氏に「おいしい料理を食べにエンタメフラッシュランキングにいらっしゃいませんか」とのお誘いを受け、勇んで駆けつけてみると、そこには、遠藤女史とタッグを組んだムッ氏が…。背中から滴り落ちる緊張汗。嫌な予感は的中。小生がこの世で唯一苦手なキュウリを散々食べさせられるという、悪夢のような裏切りを体験することとなりました。

「友情は　かくも儚き　ものなりや」。

人生感を再考せずにはいられない一件でした。

二人目

ドシュ 武田信玄（1521〜1573年）

「風林火山」で有名な武田信玄。彼は戦《いくさ》につぐ戦と過剰な搾取により民衆を疲弊させた、父・信虎を追放。治水事業や経済振興に励み、民衆から慕われる政治を行いました。よかったですね。ハッハッハッハッ…。

2019年夏、遠藤女史は健康状態の検査のために入院。その際スタッフたちは切に願いました。彼女が入院中に番組のありがたさ、スタッフのありがたさを心底実感し、自らの心の暴君を追放し、ジャイアンからしずかちゃんへと変貌を遂げ、戻ってきてくれることを。

しかし、現実は非情です。スタッフは、血色の良くなった遠藤女史に再び虐げられることとなりました。

「あらまほし　蹴り飛ばすこと　毬（麻理）のごとし」

小生は、そっと呟くのでした。

三人目

ドシュ 天草四郎

（生年不詳～1638年※諸説あり）

江戸時代に起きたキリシタンの一揆「島原の乱」の中心人物として知られる悲劇の少年・天草四郎。四郎は年若い少年だったことから、実際に指揮を執っていたのは背後にいた大人たちで、彼はシンボル的な存在とされていたのではないかと言われています。

モーゲーにも2020年4月に若き新メンバー「押忍」が登場。

意気揚々と越後へ赴任。初出勤の日に職場の閉局を知らされた悲劇の青年は、スタッフの新たなシンボルとなり、彼を中心に遠藤女史に対し巻き返しを図ろうとしました。

しかし、FM PORTの停波・閉局の日が迫るにつれ一同意気消沈。荒ぶる魂を抜かれ、無益な争いは終止符を打ちました。遠藤女史とスタッフはこれを機に和解（世に言う、モーゲー和平条約）。モーゲー終了に向けて、一致団結していくことと相成りました。

いかがでしょうか?

圧政に立ち向かったこれらの英傑たち。

うまくいったかどうかではなく、「失敗」が限りなく「死」に近かった時代に、より良き世の中を作るため、失敗を恐れず果敢に挑戦した彼らの志こそ、まさしく「真のオノコ」と言えるのではないでしょうか?

我々スタッフもモーゲーをより良きものとするため、日夜遠藤女史に立ち向かって参りました。モーゲーの記録はまさに我々と遠藤女史との戦いの記録だったと言えるでしょう。

そしてすべてが終わった今、あの戦いの日々こそが美しい宝物だったのだと、小生はかつての英雄たちに、そして今は亡きモーゲーに思いを馳せるのであります。

以上、「圧政に立ち向かった、真のオノコランキング」でした。

それでは皆さん、縁があれば、またいつかどこかで。

よき人生の旅を。

ハッハッハッハッハッ…。

夢の競演
料理研究家・世界のチカコ・サトウ＆「モーニングゲート」お抱えシェフ ムッシュムレムレのコラボレーション・クッキング

料理研究家 佐藤智香子と「モーニングゲート」お抱えシェフ ムッシュムレムレのドリームマッチがついに実現！『草』をテーマにそれぞれがオリジナルレシピを考案しました。『草』とは、地球の生命の象徴であるとムレムレさんがリスペクトしてやまない、緑色の野菜やハーブのことを指します。「フォーシーズンズ」の人気コーナー〝つぶやきレシピ〟で、お手軽でおいしい料理を紹介してきたベテランの智香子さん。一方、タピオカをイクラに見立てて軍艦巻きにしたり、紅生姜の汁で味玉を作ったり、椎茸をパテ代わりにハンバーガーを作ったりと独創的なレシピを考案してきたムレムレさん。包丁とレシピを持たない彼の、インスピレーション・クッキングが今回もさく裂しました。

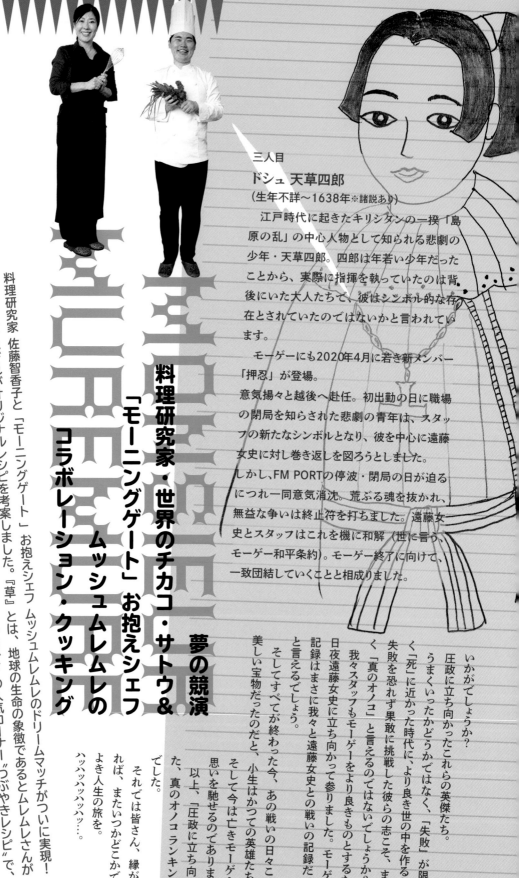

【世界のチカコ・サトウ　草レシピ】

「海老のチンゲン菜巻」

用意するもの

チンゲン菜（1個）・大葉（6枚）・
海老（6尾）・粒マスタード・
オリーブ油（各適量）

作り方

❶チンゲン菜は一枚ずつにして、
塩茹でする。水気を拭いておく。

❷海老は背わたを取り、
まっすぐにしてさっと茹でる。

❸チンゲン菜に粒マスタードを塗り、
大葉をのせ、海老を芯にして手前から巻く。
食べやすい大きさに切って、
オリーブ油をかけるぅ～♪。

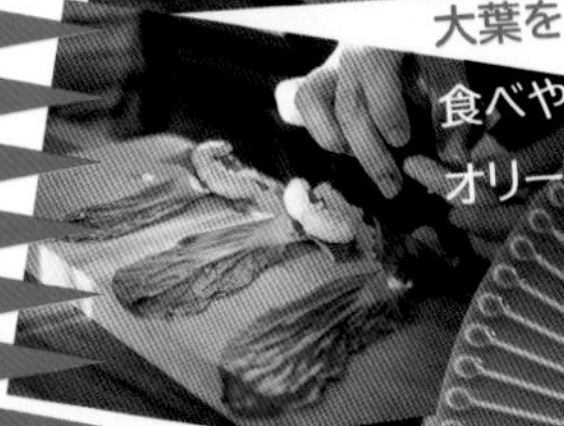

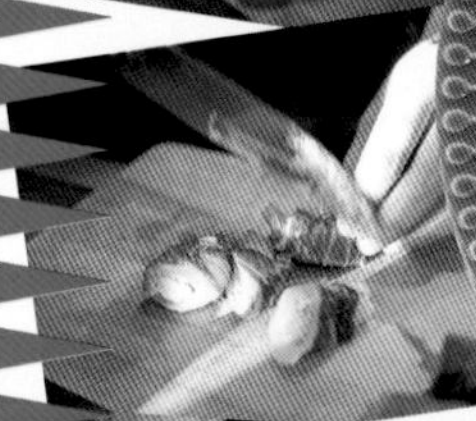

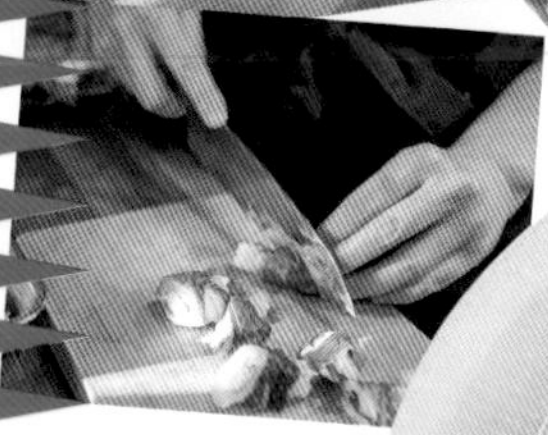

「ローストポーク　塩漬けしたローズマリーまみれ」

用意するもの

豚肩ロース塊肉（400g）・塩（小さじ2）
ローズマリー（たっぷり）・にんにく（1片）
ジャガイモ（2個）・オリーブ油（大さじ2）

作り方

❶半分に切ったにんにくと、塩を揉みこんだ
ローズマリーを豚肉にのせラップで包み一晩おく。

❷天板にお肉と、乱切りにしたジャガイモに塩、
オリーブ油をかけたものを並べ、
200℃のオーブンで30～40分焼く。

❸お肉は15分休ませてから食べやすい大きさに切るぅ～♪。

「ミントを刻んだパンナコッタ」

用意するもの

牛乳・生クリーム（各100cc）・
砂糖（大さじ2）・粉ゼラチン（5g）・
ミント（たっぷり）・ディル、
エディブルフラワー（適量）

作り方

❶粉ゼラチンを牛乳（30cc）でふやかす。
砂糖を鍋に入れ、残りの牛乳、生クリーム、弱火で2分温める。
そこへふやかした粉ゼラチンを加えて混ぜる。

❷粗熱が取れたら刻んだミントを加え、
器に入れ冷蔵庫で冷やし固める。周りにディル、
エディブルフラワーをあしらうぅ～♪。

【佐藤智香子の一品目　海老のチンゲン菜巻】

ムレムレ：（開口一番大声で）**くさっ!!**（厳しい顔で）**く、草が足りません。**
海老が勝ってしまっています。草が主役ではないです。
もっと、**大草原の息吹**を感じたいのに、これでは感じられません。

智香子：大変勉強になります（笑）。

いざ実食！

【佐藤智香子の二品目　ローストポーク　塩漬けしたローズマリーまみれ】

ムレムレ：（また大声で）**うまっ!!**（ローストポークではなく、ローズマリーをむしゃむしゃ食べながら）ありがとうございます。**草の味**です。

智香子：飾りのローズマリーを生で食べる人、初めて見た。**草の貴公子**だね！
大変勉強になります（笑）。

【ムッシュムレムレの一品目　草っとライス】

ムレムレ：お待たせいたしました（皿をカチャカチャさせながら）。**「草っとライス」**でございます。

智香子：かわいいですね！　どうやって作るんでしょう。別に知らなくていいけど…。

ムレムレ：（食い気味に）青汁で炊いたご飯に、大葉とワカメをまぶして握り飯にし、味付け海苔と茹でたほうれん草で巻きます。それを、青のり粉を混ぜた天ぷら粉にまぶして揚げる～！でございます。お召し上がりください。

智香子：（恐る恐る食べながらも）うん！　おいしい!!
ごはんを磯部揚げにするって発想が斬新！　草ってこんなにも可能性があるんだ～。悔しいくらいにおいしい。

ムレムレ：ありがとうございます。（胸を張って）ラジオやテレビで紹介してもかまいません。

智香子：まねさせていただきたいと思います。……（食べているうちにごはんの中の塩蔵ワカメの塊に遭遇…）
あっ、ショッパイ！　ムレムレさん、これ塩抜きしなかったんですか!?

ムレムレ：さよう～でございます。

智香子：そ……そうですか。でも、このメリハリの激しさで目が覚めました!!　大変勉強になります（笑）。

【ムッシュムレムレの三品目　大地讃頌《だいちさんしょう》】
ムレムレ：お待たせいたしました
（皿をカチャカチャさせながら）。
壮大なロマンである大地を再現しました。
名付けて『**大地讃頌**』でございます。
ヨーグルトにパセリを和えてゼラチンで固めました。
クッキーは土を表現しており、大地を割って
芽を出した強い**草の生命力**を表現いたしました。
わたくしムレムレの自信作でございます！

智香子：（一口食べて）なるほど～、うん、
個性的な味わいでパセリが前面的に主張しているね。
これからぐんぐん伸びていくような感じ。
3Dで目で楽しむこともできますしね。
いや～勉強になりました。
誰も作んないかもしれないけどね、この料理（笑）。
ムレムレ：ありがとうございます。

【佐藤智香子の三品目
ミントを刻んだパンナコッタ】
ムレムレ：（またまた大声で）
ミント！！ もっとミントを。
足りない、ミントが足りない！！
もっと草を感じたい。
口中を草に征服されたい！！！！

智香子：
今後はミントの成分を
強めていきたいと思います。
精進します。大変勉強になりました（笑）。

【ムッシュムレムレの二品目　草ボーボー（棒棒）】
ムレムレ：お待たせいたしました（皿をカチャカチャさせながら）。
豆苗、かいわれ大根、バジル、ニラ、
三つ葉、5種の草を5枚の豚のロースで巻きました。
草肉棒がそそり立つ「**草ボーボー（棒棒）**」でございます。
そのままガッツリとお召し上がりください。

智香子：へーすごいビジュアルだね。
（一口で食べようと試みるが）食べにくいよ！
あっ、豆苗が、カイワレの歯触りが、ニラの刺激的な、
というか次から次へといろんな味が出てくるから食べていて楽しい～。
見た目は分からないけど、断面を切ってみると草ボーボーって分かる。
お弁当のおかずにいいかもしれないね。大変勉強になります（笑）。
ムレムレ：ありがとうございます。

「競演してみての感想」

これまで、テーマが「草」と聞いて、
一瞬頭が真っ白になりました。
数々のレシピを作ってきたつもりでしたが、
「草」は初めて。と言うか「草」ってなんだ？（笑）。
ほぼアドリブで作りましたが、こうしてみると、やはり
ムレムレさんの独創性はすごい。枠にとらわれない
自由な発想。いい刺激になりました。
「フォーシーズンズ」にもムレムレさんとの競演は
リクエストいただいていましたが、まさか、
ここにきて、こんな形で実現できるとは。
あ〜楽しかった！！！

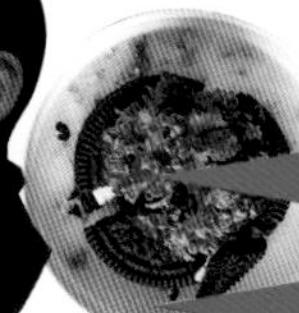

この度は、私の得意分野である「草」を
テーマにお料理させていただきました。
ありがとうございます。テーマが
テーマなだけに、私の圧勝かと
思いましたが…
さすが佐藤智香子様。
見た目も味も
素晴らしいもの
でありました。ただ、
食材やビジュアルで草・生命を
表現し、〝世界のチカコ・サトウ〟を
唸らせた私は、〝世界のムッシュムレムレ〟
いな、〝天下のムッシュムレムレ〟と
言えるでしょう。ありがとうございます。

スタッフドラゴン

年齢、経験不問！初心者歓迎！今日から始めるサメ映画！

DRAGON

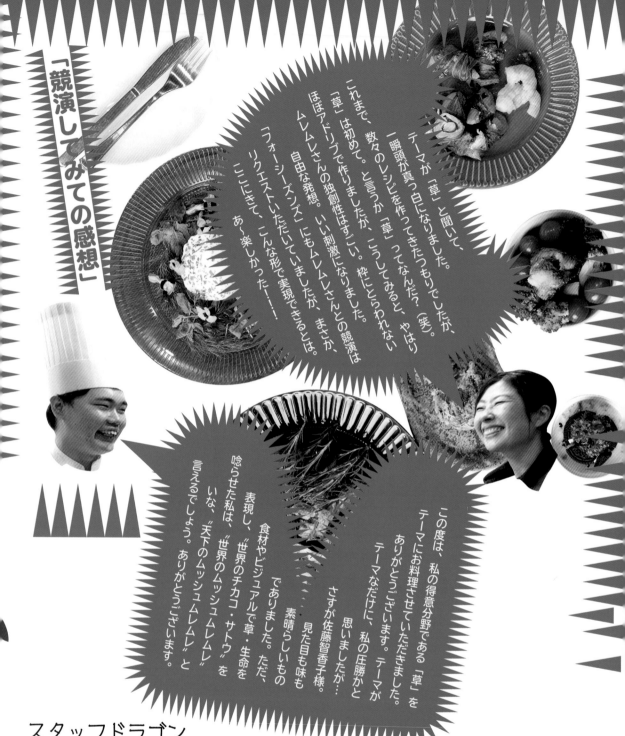

▼サメ映画の位置付け

突然ですが、ホラー映画はお好きですか?よく、「怖いから苦手」という意見を耳にしますがそのドキドキこそがホラー映画の魅力なのです。日々の刺激が足りない貴方を一瞬で非日常へいざなってくれることでしょう。

ただ、好みというものがありますので、作品を選ぶ時は注意しましょう。人によっては生理的に受け付けないというホラー映画も当然あります。

個人的な定義ですがホラー映画は大きく分けて、「パニック」「スリラー」「サイコ」「サスペンス」「スプラッター」この5つに分類できます。

・パニック
モンスターや見知らぬ殺人鬼などが主人公を脅かすもの。『13日の金曜日』『エイリアン』『エルム街の悪夢』など。

・スリラー
知り合いや安心できる身近な存在だった人が主人公を脅かすもの。『シャイニング』『ミザリー』『エスター』など。

・サイコ
常軌を逸した行動を取る人間が出て来るもの。『羊たちの沈黙』『悪魔のいけにえ』『ハロウィン』など。

・サスペンス
推理や謎解きで事件を解明するもの。『サイコ』『セブン』、韓国では『哭声 コクソン』など。

・スプラッター
血しぶきが飛ぶなど生々しい描写があるもの。『死霊のはらわた』『屋敷女』『ホステル』など。

そんな中でもサメ映画は比較的エンタメとして楽しみやすい「パニック」に属します。特に難しいことは考えず、ただただ迫り来るサメの恐怖を楽しみましょう。

▼サメ映画の歴史

サメ映画といえば最初に思い浮かぶのは、スティーヴン・スピルバーグ監督による『ジョーズ』(1975)①。ドキドキ感を煽るスリリングな演出でその年一番となる大ヒットを記録。サメ映画の礎を築き、のちにシリーズ化もされました。

それまでは恐怖映画といえば、吸血鬼やフランケンシュタイン、ゾンビなど想像上のモンスターが出演する「オカルトムービー」で、どれだけ怖くても「実在しない」で笑い飛ばせるため、観客は安心してひとときのスリルを楽しむことができました。ところがサメは実在する生物。そのため裸同然の無力な人間が、水中では圧倒的な力を持つサメに容赦なく食われ、次々に命を落としていくという残酷な描写は、観る者を本物の恐怖に陥れました。

なおかつ、『ジョーズ』にはモデルとなった実際の事件があり、サメ自体の洗練されたフォルムのデザインも手伝って、実在する恐怖の象徴として確固たる地位を獲得しました。

この映画のメガヒットにより、以降、二匹目のドジョウならぬ二匹目のサメを狙った数多くのサメ映画が誕生するのです!

『ジョーズ』の後継者とも言える正統派作品が『ディープ・ブルー』(1999)②。サメ映画の恐怖を忘れかけていた頃に登場した革新的作品で、『ジョーズ』が築き上げたサメの恐怖を引き継ぎつつも、オリジナリティー溢れる設定や期待を裏切るような展開で、楽しませてくれます。最初に選ぶサメ映画として、また、真っ当なサメ映画道を歩みたい方へおススメです。サメ映画最高!となること間違いなし。

インターネットの情報を鵜呑みにして訳の分からないサメ映画を最初に見ることのないようにしましょう。あくまでも僕のこの文章を参考にして下さい。

①

②

③

『ジョーズ』／4K Ultra HD+ブルーレイ:5,990円+税／Blu-ray:1,886円+税／DVD:1,429円+税／発売元:NBCユニバーサル・エンターテイメント／(C) 1975 UNIVERSAL STUDIOS. ALL RIGHTS RESERVED.

『ディープ・ブルー』／ブルーレイ:¥2,619(税込)／DVD特別版:¥1,572(税込)／発売元:ワーナー・ブラザース ホームエンターテイメント／販売元:NBC ユニバーサル・エンターテイメント／©1999 Village Roadshow Films (BVI) Limited. All rights reserved.

『シャークネード』／発売元 アルバトロス株式会社

▼サメ映画の「沼」

脅すわけではありませんが、サメ映画には「沼」が存在します。深海よりもさらに深い…わけではなく浅く、無駄に広い、そんなサメ映画の世界をご紹介します。

サメ映画が「沼」と言われる理由は、そのハズレの多さ。チープな作りの映画を「B級映画」などと揶揄する事がありますがサメ映画には「Z級」とまで表現される映画が数多く存在します。

その理由のひとつには「サメなら水面から背びれを出しておけば、とりあえず怖くなる」と考えられていること。予算がなくても作ることができて、『ジョーズ』のようにヒットすれば儲けもの。その結果、「沼」の出来上がりとなるのです。

そもそもサメ映画というのは、狭義には「サメを題材とした映画」ですが、広義には「サメが登場する映画」であり、更に広義的で身も蓋もない言い方をすれば「タイトルにシャークやジョーズが使われている。もしくは本編で1秒でもサメが出ていればそれはサメ映画」です。つまり、サメ映画の特徴は逆説的に「映像にあまりサメが出ない」という事でもあります。

たとえば『メガロドン』という作品は、古代の超巨大サメが蘇るというパニックホラーらしい設定ですが、本編92分のうち、冒頭から50分以上がサメと無関係です。異常なまでにポジティブに解釈するならば、そのサメがいつ出てくるのかというドキドキ感、それこそがサメ映画の醍醐味！となりますが普通の感覚の持ち主ならば、内容の薄さに耐えきれず途中で脱落します。恥じることはありません。それが一般的であり、Z級のサメ映画をだらだら観ている方が変態なのです。

ほかにも、どこかから買ってきたサメの資料映像を繋ぎあわせてそれっぽく見せているだけの映画も多く存在しています。なので複数の映画で資料映像がカブるということが起きます。

『ジョーズ リターンズ』という映画は、常に同じ方向を向いているハリボテ感溢れるサメの模型を作るなど、Z級サメ映画の中では健闘しているのですが、後に公開された『ジョーズ'96 虐殺編』は、なんと『ジョーズ リターンズ』のサメ登場シーンの映像をまるまる流用するという荒業をやっています。

▼全ての元凶「アサイラム」

その他にも数多くのZ級サメ映画が存在しますが、近年、それに拍車をかけているのが、アサイラム社が制作している映画です。アサイラムは「質」より「量」で勝負の会社であり、地球に優しい低予算・低コストで仕上げた作品は、大ヒットした映画のパクリであるのは一目瞭然なのですがそれを隠す気はさらさらありません。

また、アサイラムのサメ映画では、派手なグロ表現（技術が追いついていない）と、安易なエロス（とりあえず水着のお姉ちゃんによるお色気シーン）で、スカスカの脚本をひたすら引き延ばしていきます。

しかし作品によっては一周回って神格化する熱狂的なファンも存在している事は否めず、『シャークネード』[3]はまさにその典型例です。こういった背景もあり、映画専門チャンネル「ムービープラス」では「アサイラム・アワー」と銘打ち、月1でアサイラム作品を放送していますし、アサイラムの映画のみを集めた「アサフェス」という映画祭が開催されたりしています。このようにZ級サメ映画を量産しているアサイラムですがコアなファンが数多く存在している事は間違いなく、何を隠そうわたくしドラゴンもその一人なのであ〜る。

ちなみにアサイラム社長・ラット氏は、日本の配給会社からのアイデアやリクエストを積極的に取り入れているとして「こんな映画を作ることになったのは全部、日本のキミたちのせいだよ！」と責任をなすりつけるコメントを発表しています。とはいえ、アサイラムの海外配給における一番のお得意様はまぎれもなく日本なのです。

▼サメ映画の魅力

サメ映画の楽しみ方の1つとして、数多くのハズレの中から、数少ない当たりを見つけ出す快感というのがあります。普通の映画では得られない刺激を感じ、突き抜けたダメさを逆に魅力的に感じてしまうようになる（つまり感覚がおかしくなる）。そんな体験、あなたもしてみませんか？

浅く、広い、ぬるま湯のようなサメ映画の海に、ぜひ飛び込んでみて下さい。

以上、ドラゴンでした！

スタッフモコナ　デスソースを飲まされて

元モーゲースタッフのモコナです。僕は6年間のモーゲー生活でさまざまな体験をしました。生放送中ムッシュのデスソース料理を食べるのは日常茶飯事。局のソファで寝ていると、ティッシュで作ったこよりを鼻の穴の奥まで突っ込まれたこともありました。おふだのお清めのため、大みそかから元旦にかけて護国神社で神輿を担ぎ、阿賀野市安田の裸参りに参加し、たいまつを掲げて走ったり、南魚沼の八海山尊神社で滝に打たれたこともありました。また、世界一臭い缶詰「シュールストレミング」の開封式に参加させられた揚げ句、服がダサいとからかわれ、極めつけは「モコナさんと結婚したい」と言ってくれた女性リスナーにポエムを綴り、デートまではこぎ着けましたが、その後LINEが既読スルー。京都旅行で彼女のために買ってきたけど渡せなかった金平糖は、遠藤麻理さんに食べられました。それもみーんな放送にノッてます！　皆さんお気付きでしょうか。モーニングゲートを盛り上げたのは誰なのか？　アサオさんなんて「凍った池の上でモコ氏が…」とすぐに僕に体を張らせようとするし、ムッシュなんてカチャカチャ皿を鳴らしているだけで、実際デス料理で悶絶しているのは僕です。ドラゴンに至ってはサメとゾンビの知識しかありません。ぶっちゃけここまで体を張ったスタッフはいたでしょうか!?　皆さんご存知、節分の日に放送したエンタメフラッシュランキング「痛い豆ランキング」。半裸の僕が遠藤麻理さんに豆をぶつけられ悶絶するあの企画！　各方面から良くも悪くも反響が大きかった企画ですが、アレ考えたの僕ですから！「モコナが悶絶する企画」を自分で考える。これほどモーゲー愛に溢れたナンバーワンスタッフは、野伏でも押忍でもなくモコナでしょう！　そして僕といえばもうひとつ「モーゲーハイド」という顔も持っていました。モーゲーハイドとして『MUSIC CONVOY』のレギュラーパーソナリティを担当してもいいと思っていました。ワールドツアーが終わったら新潟の子猫ちゃんたちに僕の声を届けたかったけど残念♥。つまり何が言いたいかというと、僕モコナa.k.a モーゲーハイドなくして「モーニングゲート」はなかったのです！

それでは聴いてください…モーゲーハイドで♪「Driver's High」

デスソース→正式名称は「ブレアーズ サドンデスジョロキア」。全部で4種類あり、モーゲーでは最も激辛のものを使用した。

モーゲーハイド→スタッフ モコナはL'Arc-en-Cielのhydeさんに中学生の頃から強いあこがれを抱いており、hydeさんになりたい！と熱望して誕生したのが似ても似つかないモーゲーハイドである。ラルクファンからは冒涜だ！と罵られたが、本人は頑なに引退を拒んだ。

渡辺賢介　こないだの約束

〝このバンドは売れなかった〟

その事実を受け入れたのは2013年の秋頃だ。同世代や年下の、強烈な個性を持ったバンドマンたちが世に認められていく中で、メンバーが一人抜け、レーベルやマネジメントとの契約もすべて無くなった。当時31歳。もはや10代の頃のような情熱はもてず、売れていったバンドに対する醜いコンプレックスは増幅するばかり。再び這い上がろうとする活力はどうしても湧いてこなかった。

かといってFROM CRESCENTというバンドを解散したわけではない。ただ、先の人生の方向を考え直さなければいけなかったし、心の膿のようなものを吐き出すことのできる、何か別の場所を探す必要があった。われながらずいぶんと勝手な言い分だと思う。

アルバイトをしながら死んだように生きていた僕に、「ラジオの制作、やってみます？」と声を掛けてくれたのは、FM PORTの『MUSIC CONVOY』でお世話になった同い年のディレクターだった。

2014年、そんなふうにして僕の第二の人生が始まり、今度は「パーソナリティ」としてではなく、「AD」としてFM PORTにお世話になることとなった。

『モーニングゲート』のまさにその門を叩くと、そこには異様な世界が広がっていた。おかしな人しかいないのだ、本当に。おかしな人たちがオカシなことを言って、とても可笑しそうに笑っていた。そのおかしな人のトップオブトップが遠藤麻理、その人である。バンド界隈にだってそうそうお見かけすることのないおかしな人、遠藤麻理。結局僕はここでも自分が〝凡人〟であることに気付かされることになった。

それから今日に至るまで、月並みだけれど本当にあっという間だった。師のようであり、姉のようでもあり、気の置けない友人のような（大変な失礼を承知で）不思議な存在なのだが、東京でラジオディレクターとして生きている今も、「それって本当におもしろい？」と言われている気がして、台本を丸々書き直したりすることがある。勘弁してほしい。

KENSUKE WATANABE

〈おまけ 1〉

みんなも食べようモコナが体験したデスソースレシピ（ムッシュムレムレ考案）

「デ寿司（DEATHし）」

材料／酢飯、海苔、タピオカ、デスソース

調理方法／デスソースで煮たタピオカを軍艦にするシンプルな料理。見た目は紅く輝くルビーのようなイクラ軍艦。しかしその実態は、モコナが生放送中トイレに籠り、職務放棄となった最強のデス料理。もちろん追いデスソースを忘れずに。クセになること間違いなし。

〈おまけ 2〉

モゲハイからのささやかなプレゼント

子猫ちゃんたちに観てほしいな〜♥

早く観ないと消えちゃうかもよ……

でもいつだったか、本人はきっと覚えていないだろうけれど、僕のバンド時代を知る、とあるゲストの方が打ち合わせの時に、「きみはもう音楽を辞めて、今こうして…」(決して悪意があったわけではない)と発言した時に、間髪入れずに割って入って、「彼は別に音楽を辞めてませんよ」と言ってくれた麻理さんのひと言がとても嬉しかった。

じんわりとあたたかく、泣きそうになった。

そして背筋が伸びる思いだった。

そうだ、僕は音楽を辞めていないのだ。

麻理さん、こないだの約束守りますよ。

その時はゲストで呼んでくださいね。

FROM CRESCENT
渡辺賢介

Song of KEYAKI STREET

思ったより冷たい風　僕の頬をめがけて吹く
けやき通りはあの日と同じ　裸の枝に灯る光の粒

春を待つ胸の高鳴りに合わせて駆け出した
さやさやと舞う雪の下で
暖めた「今」を　繋いでいけるように

君が隣でただ笑っていたこと　同じ輝きなどどこにもないと
初めて知った時に流れたもの　心の奥にまだしまいこんでいる

振り向くたび　あの日の声　背中押すように響く少し晴れた空

切り取る未来は夢の形　下手くそな放物線
花咲く季節は遠いようで　すぐそこで待ってる　君は何を見てる？

目をこらすため息の先へ　昨日より少しだけ大きく歩き出した

かけがえないもので 溢れてたこと　同じ喜びなどどこにもないよ
思い知るその度に流れるもの　明日のほうへ続く道に変えて

忘れない　あたたかな面影は
今もこのけやき通りに
君よ　きっと願い通りに

まり太郎

ナレ：むかしむかし、あるところにおじいさんとおばあさんがいました。おじいさんは、日和山へ芝刈りに、おばあさんは信濃川へ洗濯に行きました。

じじ：どーれ、ばあさんや、ちと日和山さ芝刈りに行ってくるでよー。

ばば：気ぃつけてねぇ〜。あたしゃ〜信濃川で洗濯してきますんでねぇ〜。

ナレ：おばあさんが信濃川で洗濯をしていると、川岸町の方から大きなマリモがどんぶらこ〜どんぶらこ〜と流れてきました。

ばば：あらたまげた！あんなに大っきなマリモ、見たことないわ！マリモって食えるんだべか？うまそうだ。ほーれ、美味しいマリモはこっちゃ来い！苦ーげマリモはあっちゃ行け〜！

ナレ：おばあさんがそう言うと、大きく美味しそうなマリモはおばあさんの元へ流れてきました。

ばば：あーっひゃっひゃ〜！なんてこったい。これはじいさんも喜ぶだろね〜。どっこいしょ！

ナレ：そこでばあさんは、その大きなマリモを怪力で担いで家に持って帰りました。

ばば：じいさんや！信濃川でこんなに大きなマリモを拾いましたてー。

じじ：フガ〜！こんげ見事なマリモ見たことねぇ！でっけし、うまそうじゃ〜！

ばば：今夜の半身揚げのお供にいただきましょう！

ナレ：夕飯時、2人が大きなマリモを割ろうとすると、なんてことでしょう。マリモが「ぱかっ」と割れて、中から「おぎゃーおぎゃー」とまん丸顔の女の子が生まれてきました。

ばば：なんてこった！

ナレ：2人だけで暮らしていたおじいさんとおばあさんは大喜び。その赤ん坊を「マリモから生まれた〝まり太郎〟」と名付けました。まり太郎はすくすく成長し、立派なマリモッコリになりました。ある日、一羽のカラスが家の庭で、こう言いました。

カラ：大きな竜が、街のあちこちで、ご飯やおかずを奪ってはみんなを困らせているんだカー。

ナレ：それを聞いたまり太郎は…

まり：おじいさん、おばあさん！竜退治に行きたいのです。日本一のきびだんごを作ってください。

じじ：なんて危ないことを言うんじゃまり太郎！

ばば：そんげ危ね！ことは止めてくれぇ！

まり：このままでは、新潟の美味しい食べ物が悪い竜に食べられてしまいます。早く、日本一のきびだんごを作ってください。

ばば：そんげこと言っても、きびだんごなんて作ったことないコテ。

じじ：そうだ、礎町のムレムレさんにでも頼んでみたらどうじゃろか…

ナレ：まり太郎は、礎町でレストランを営むムレムレさんの元を訪ねました。

ムレ：いらっしゃいませ。ありがとうございます。

まり：ムレムレさん、日本一のきびだんごを私に作ってください。

ムレ：ありがとうございます。それまた、どうしてですか？

ナレ：まり太郎は、事の経緯を打ち明けました。

ムレ：それでしたら、私もお供いたしましょう。よろしいですか？ありがとうございます。

ナレ：こうしてまり太郎はムレムレと、悪い竜探しの旅に出ました。すると向こうから、身体をクネクネくねらせた、怪しげな男が近づいてきました。

モコ：何してるんだい？子猫ちゃんたち。モーゲーハイドだよ。

まり：モコナでしょ。悪い竜を退治に行くんだけど…見るからに悪そうな竜、どこかで見なかった？

モコ：竜？巨漢の竜なら、沼垂のラーメン二郎に並んでいたような…

まり：本当？

モコ：多分ですけど…大柄で、ずっーとスマホいじってて、リュック背負ってて…特盛の食券買ってましたけど。

まり：間違いない！あんた道案内してよ。どうせ暇でしょ？ほら、この日本一のきびだんごをあげるから。

モコ：おい！暇って！確かに一回デートしたっきり既読スルーされてるんで暇といえば暇っすけど。分かったよ子猫ちゃん。その代わり、そのきびだんご、ひとついただくよ。

ムレ：（カタカタカタ）お待たせしました。きびだんごでございます。

モコ：（悶絶）

ムレ：ありがとうございます。デス団子でございます。

ナレ：こうしてまり太郎は、ムレムレ、モコナと3人で萬代橋を渡っていきました。すると

ララ：まり太郎さーん、お疲れ様でーす。

ナレ：長い髪をなびかせたスラッと長身の美女が手を振っています。

ララ：まり太郎さん、ララガールです。

まり：あら久しぶり！どうしたの？

ララ：実はこのところ毎晩、気味の悪いLINEが届いて困ってるんです。

まり：え？どんな？

ララ：「元気し・て・る？大丈夫だ・か・ら・ね！」「ぐへへ、オレの島で一緒に暮らそうぜ〜」とか、「ぐへへ、一緒に新米食べよ！ラ・ラ・ちゃん！」とか〜気持ちの悪いキメキメの写真も添えてあって、とにかく気味が悪いんです。

まり：それは気持ち悪いね。何か心当たりは？

ララ：は、はい。前の職場でもそんな気持ち悪いLINE送ってくる人がいたんで…7月以降、会社も変わって会うこともなくなって、せいせいしてたんですけど…

まり：よし、私が退治してあげる！

ララ：ほんとですか！私も一緒に行きます！

ナレ：こうしてララガールも仲間に加わり万代の交差点で信号待ちをしていると季節外れのセミの声が聴こえてきました。

アサ：ミーン・ミーン・ミーン・ミーン・ミーン・ミーーーーン。

ララ：まり太郎さん、あれ、何ですか？

まり：あ、あ、あれは…

アサ：もし、其方は伝説のまり太郎女史ではございませんか？

まり&ララ&ムレ：無造作紳士、アサオ？

アサ：いかにも、小生、無造作紳士アサオと申します。この悲しき世界にひと筋の光を追い求め、ここに誘われた次第でございます。其方の正義に満ちたその眼。小生が探し続けていた伝説の勇者に違いありません。

まり：あなた毎回いったい何してるんですか。よく分からないけどコレを食べたら仲間に入れてあげようかな。

アサ：本当でござるか！ありがたき幸せ。小生、夢にまでみたきびだんご、頬張ってみたい衝動を抑えることは不可能と言えましょう。

ムレ：（カタカタカタ）お待たせしました。きびだんごでございます。

アサ：オッホン：オッホン：（悶絶）

ムレ：ありがとうございます。キュウだんごでございます。

ナレ：アサオは、涙を流しながらキュウリ入りのきびだんごを飲み込み、仲間に加わりました。

モコ：しかし、その竜、どんな悪さしたんすか？

まり：とにかく周りに迷惑かけてるらしいんだよね。人様の食べ物を強奪する以外にも、フロアで居眠りしたり、借りたCD返さなかったり…この間だって「ラジオドラマやりましょうよ！」と言い出すから、脚本書いてね！と頼んだら、それっきり何か月も音信不通になったとか…そんなクレームが山ほど集まってるらしいんだわ。

モコ：それって…まぁいいや。とにかくそんな

悪い竜、皆でこらしめてやりましょう。

アサ：そう簡単にはいかないと思われます。小生の調べによりますと とにかく大きな身体で、剛腕だということです。そしてその図体のわりに、声が異様に高く、けたたましい鳴き声で周囲を奮え上がらせているそうです。おまけに七変化の術も使うのです。時に語尾を「ダゼ～」に変えて別人格になりますし、ワイルドなフリをしては、見知らぬお店で勝手にチーズをトッピングしたりするとも言われております。そしてLINE交換をしたら最後、女性に毎晩のようにお誘いメッセージを送信しては温泉街で待ち伏せをしたりと、その奇想天外な身の振る舞いと逃げ足の速さでなかなか捕らえることができないと聞きます。

ララ：気持ち悪いです。

まり：うーん。何か作戦立てないとだな…

アサ：小生、正直なところ皆様だけでは、あの忌まわしき竜を懲らしめることはできないと踏んでおります。

まり：いったいどうすれば？

アサ：彼の弱みは、自分を慕ってくれている後輩ではないでしょうか。

まり：意味わかんない。

アサ：まり太郎女史、忘れてはおりませんか？真のオノコの存在を。

ララ：慕っている？もしかして…

モコ：確か、弟子にしてください！とか言ってた奴いたような…

押忍：押忍！押忍！押忍！押忍！押忍！押忍！押忍！押忍！押忍！押忍！押忍！押忍！押忍！押忍！押忍！押忍！自分、押忍です。栃木から新潟に来た出勤初日に停波と聞かされ、たった3か月で新潟を離れることになりました。自分、押忍です。

まり：押忍ー！元気にしてた？

押忍：押忍、自分、元気だけが取り柄です！またこうして新潟に来ることができて、自分、嬉しくて…（泣）

モコ：泣くなよ押忍～。栃木に帰ったんじゃ？

押忍：押忍！自分、第二の故郷～新潟が今、ピンチだと聞いて黙ってはおれず自転車で峠を越えて今到着しました！押忍！

まり：自転車できたの？

押忍：押忍！自分、気合入ってるんで！

ララ：GOTO使えば良かったじゃないですか

アサ：あの忌まわしき竜は、後輩の前に限っては格好をつけ聖人ぶった振る舞いをする習性があります。自分を慕っていると勘違いしている押忍氏、そしてララガール女史がいれば鬼に金棒！良かったですね。油断している隙に、この聖剣ムラマサで…ハッハッハッハッハッハッハッハ

押忍：え？その悪い竜って、ドラゴンさんのことだったんですか？

まり：そうだよ。あいつしかいないでしょ。

押忍：なんてことですか！ドラゴン先輩、自分見損ないました。自分の前では、カッコいい先輩だったはずです。信じられません！押忍 締め切りは守ってこそ男だ！ミスをしたら逃げず隠れず、正直にあってこそ男だ！そう言ってたじゃないですか！あれは全部嘘だったんですか…（泣）

まり：ドラゴンめ、よくそんな事言えたな。

ララ：気持ち悪いです。

押忍：信じていた人に裏切れらた気持ちで押忍ー（泣）

モコ：押忍はピュアだからな～。

アサ：さぁ、一時の猶予もございません。急いでドラゴン氏を探し、皆の力で目を覚ましてあげましょう。

押忍：しかしドラゴンさん、いったいどこに隠れてるんですか！

ララ：そういえばTwitterで「伊勢丹近辺で良く見かける」とリプ来てましたね。

まり：わっかる。最近、万代に生息してるって噂聞いたわ。

ナレ：まり太郎と仲間たちは、バスセンターの陰から様子をうかがっているとドラゴンらしき巨体の影が見えました。

まり：モコナ、ちょっと2階から様子を見てきてくれない？

モコ：はいよ！

ナレ：様子を見に行ったモコナ。トラ柄のシャツが目立ち過ぎたのが、ドラゴンの手下に見つかってしまいました。

ドラ：ん？なんだ！あのダサいシャツは！あれは誰だぜか！つまみだすぜ～！

ナレ：ドラゴンの手下、大勢のコドモドラゴンが襲い掛かってきます。

モコ：ヘイ！ヘイ！ヘイ！

ナレ：モコナの気持の悪い動きに、コドモドラゴン達は戦意を喪失。

ララ：バシッ！バシッ！（ハリセンの音）

ドラ：痛いぜ！痛いぜ～！

ナレ：ララガールは容赦なくハリセンでしばき倒します。

あさ：小生、其方の心の奥底に眠る正義感を呼び覚ましてさしあげましょう。

ドーーーーーン！

ナレ：無造作紳士あさおの謎のドーンで、ドラゴンの手下～コドモドラゴン達は我に返り、まり太郎の仲間に加わりました。

まり：みんな、でかした！よーし、ドラゴンめぇ、覚悟しろ！

ナレ：まり太郎軍団は、ついにドラゴンの隠れ家、通称～竜の巣の扉の前にたどり着きました。

まり：コンコン。コンコン。

アサ：遠藤女史、警戒心の強いドラゴンですから、きっと居留守を使っているに違いありません。

モコ：確かに。あの人、既読マークを付けずに既読スルーするのが得意ですからね。

まり：そうか、分かった！それならあの手だな。

ムレ：コンコン。お待たせしました。ライライ軒でございます。ご注文いただきました、背油濃厚豚骨ラーメン特盛、太麺・固めでございます。

ドラ：（フガフガー。くんくん。おぉぉぉ、うまそうだぜ～！）おお！待ってたぜ～。今開けるぜ～！

ナレ：ムッシュは出前を装いドラゴンをおびき出すことに成功しました。

ムレ：ありがとうございます。お熱いうちに、召し上がれ。

ドラ：うまいぜ～（ズルズル）うまいぜ～（悲鳴）

ナレ：チャーシューの裏にタップリ塗られたデスチャーシューが功を奏しドラゴンの巨体が崩れ落ちると…

まり：おいドラゴン！観念しろ！

ドラ：あああ、あれ？まり太郎さん。どどどうしたんすか？

まり：とぼけるな！このまり太郎が退治してくれるわ！

ナレ：ドラゴンは一目散に逃げ出そうとしましたが、あっという間にまり太郎たちに囲まれました。

押忍：ドラゴン先輩、押忍です！どうしちゃったんすか！自分、悲しいです！

ドラ：お、おう。押忍じゃん！だから誤解だって！

押忍：押忍！押忍！押忍！押忍！押忍！押忍！押忍！押忍！押忍！押忍！押忍！押忍！押忍！押忍！押忍！押忍！押忍！

ナレ：必殺・百裂押忍尻たたき。

ドラ：ひゃー！！

モコ：ドラゴンさん、これでも着てくださいよ

ナレ：モコナはドラゴンに、トラのシャツをかぶせた。

ドラ：ひゃー！！、ダサいぜー！ー！ー！

アサ：ドラゴン氏、良かったですね。

まり：おいドラゴン、ちゃんと謝りなさいよ！まずはララガールに。

ドラ：（リアル懺悔）

ララ：気持ち悪い LINE 送ってくるのやめてください！気持ち悪い。（ビンタ）

ドラ：（悲鳴）

まり：そして今回のこと、モーゲーリスナーにきちんと謝りなさいよ。

ナレ：観念したドラゴンは、泣いて許しを乞いました。

一同：（どうする…もう許してあげるか？など相談）

ドラ：ま、みんな、結局はオレがいないと寂しいんでしょ？

ララ：気持ち悪いです。（ビンタ

ドラ：アーー！オー！ー！ー！

ナレ：それからというもの、一度は離れ離れになったモーゲーズも心を入れ替えたドラゴンを仕方なく迎え入れ、それぞれの場所へ帰っていきましたとさ。

めでたし、めでたし。

ぱっかーん

いかがでしたでしょうか。『ラジオを止めるな！』、楽しんでいただけましたか？
意気揚々と制作を始めたはいいけれど一難去ってまた一難で、実際
発売日が二回延びました。「本当に出せるのだろうか…」と自信を失いかけた時
励ましてくださったのは、今回この本に参加してくださったお一人お一人です。
「きっといい本になるよ！」「全面的に協力するよ！」「完成したら呑みに行こ！
おごるよ！」には特に励まされましたね。
この本を作るきっかけはFMPORTの閉局でしたけれど、
この本で実現できたのはラジオを愛する同志たちと、ラジオの未来について
熱く語れたことです。誰一人として、ラジオの未来を悲観していない。
むしろ「作っていくのは自分だ！」という気概にあふれていました。
また、この本を作り上げるにあたり何よりの原動力となったのは
普段ラジオが好きで聴いてくださっている方たちが、きっと喜んでくれるだろう
ということ、そして悲しい思いをさせてしまったPORTリスナーの皆さんが
ページをめくって笑顔になってくれるだろうということでした。
そのためなら何が何でも完成させる！と気持ちを奮い立たせました。

そしてもうひとつ、私はもう一度『モーニングゲート』がやりたかったんです。

平成から令和に変わる頃から、気が向いた時に日記をつけているんですが
一昨年の4月25日(木)にこんなことを書いていました。

「最近は真夜中に目が覚めたというリスナーが、その時間にメールを送ってくれる。夜中に目覚めた時の、あの世界にたったひとりぼっちの感じ、いつか終わりが来ることを突きつけられるような、暗い穴を覗き込むような気持ちの時に私を思い出してメールを送ってくれることが嬉しい。朝を待っている人からのメールは嬉しい。そんなナビゲーターになれたことが嬉しい。」

FMPORTと『モーニングゲート』は、私自身が「ちょっといいな」と思える自分になれた場所でした。アホな私とモーゲースタッフでまたあなたを笑わせることができたなら、制作過程における苦労は、全て報われます！

どうかこれからも、あなたのラジオを止めないでください。

お付き合いいただきまして、ありがとうございました。

それではまた、ラジオでお会いしましょう！

今日も笑顔で一日を～！

令和三年一月二十七日

えんどう まり

ナビゲーター　遠藤麻理（えんどう まり）

1973年6月14日生まれ、新潟市出身。さまざまな職業を経て、2000年新潟県民エフエム放送（FM PORT）の開局から2020年の閉局まで携わる。主な担当番組は『MORNING GATE』。
現在はBSNラジオにて『四畳半スタジオ』を担当。著書に『自望自棄 わたしがこうなった88の理由《わけ》』『自業自毒 平成とわた史』がある。

〈取材にご協力いただいたお店・施設・法人・団体様〉（敬称略）
新潟古町藪蕎麦/北書店/エンジョイ・ライフ・クラブ女池インター校/入船みなとタワー/waioli kitchen/ちゃんこ大翔龍/ラヂオは～と/Sea Point Niigata/S.H.S/株式会社 鈴商/新潟市南商工振興会/SHOW！国際音楽・ダンス・エンタテイメント専門学校/BSN新潟放送/新潟日報メディアシップ

ラジオを止《と》めるな！

2021（令和3）年2月14日　初版第1刷発行

編 著 者　遠藤麻理
発 行 者　渡辺英美子
発 行 所　新潟日報事業社
〒950-8546　新潟市中央区万代3-1-1
メディアシップ14階
TEL 025-383-8020　FAX 025-383-8028
http://www.nnj-net.co.jp
印刷・製本　株式会社 第一印刷所
ＣＤ制作　株式会社 BSNウェーブ

ISBN978-4-86132-767-4